草业生产实用技术

2018

全国畜牧总站　编

U0246313

中国农业出版社

北　京

图书在版编目（CIP）数据

草业生产实用技术.2018 / 全国畜牧总站编. —北京：中国农业出版社，2020.1
ISBN 978-7-109-26664-3

Ⅰ.①草…　Ⅱ.①全…　Ⅲ.①牧草—生产技术　Ⅳ.①S54

中国版本图书馆 CIP 数据核字（2020）第 040487 号

中国农业出版社出版

地址：北京市朝阳区麦子店街 18 号楼
邮编：100125
责任编辑：赵　刚
版式设计：韩小丽　　责任校对：吴丽婷
印刷：北京中兴印刷有限公司
版次：2020 年 1 月第 1 版
印次：2020 年 1 月北京第 1 次印刷
发行：新华书店北京发行所
开本：700mm×1000mm　1/16
印张：12.5
字数：240 千字
定价：58.00 元

编委会成员单位

主持单位：

全国畜牧总站

参加单位：

中国农业大学动物科技学院

中国农业科学院草原研究所

兰州大学草地农业科技学院

内蒙古农业大学草地生态学院

甘肃农业大学草业学院

内蒙古大学经济管理学院

四川省草原科学研究院

河北省农林科学院农业资源环境研究所

宁夏农林科学院植物保护研究所

编　委　会

编 写 组

主　　编：李新一　　董永平　　尹晓飞

副 主 编：王显国　　侯扶江　　刘忠宽　　张焕强　　张铁战
　　　　　杨廷勇

编写人员：李新一　　董永平　　王显国　　尹晓飞　　侯扶江
　　　　　张铁战　　刘忠宽　　张焕强　　吴新宏　　张　蓉
　　　　　李青丰　　钱贵霞　　周　俗　　花立民　　戎郁萍
　　　　　罗　峻　　柳珍英　　王加亭　　陈志宏　　刘　彬
　　　　　杜桂林　　齐　晓　　赵恩泽　　邵麟惠　　闫　敏
　　　　　薛泽冰　　赵鸿鑫　　李　平　　姜慧新　　杨廷勇

技术撰稿（按姓氏笔画排序）：
　　　　　丁成龙　　于徐根　　王显国　　毛培胜　　玉　柱
　　　　　冯　伟　　朱晓艳　　刘忠宽　　刘振宇　　齐梦凡
　　　　　孙洪仁　　严海军　　杨平贵　　李志强　　李曼莉
　　　　　张文娟　　周　俗　　秦文利　　徐桂花　　涂雄兵
　　　　　常生华　　董永平　　智健飞　　游永亮　　谢　楠

前　言

我国正在大力推进农业供给侧结构性改革，加快发展草牧业，饲草料生产体系建设和草畜结合发展形势喜人、前景光明。广大草业科技工作者积极顺应新时代新要求和产业需要，开展了一系列草业新技术的研究开发和中试熟化工作，积累了一批先进实用技术成果。

为了将这些技术成果尽快转化应用到生产实践中，提高我国草牧业和草业可持续发展的科技水平，我们组织有关大专院校、科研院所和技术推广部门，根据成果的持有情况和生产需要，分批次收集、整理并汇集成册。技术成果分为饲草资源、规划设计、建植管理、草场改良、绿色植保、产品加工、草种生产、放牧管理、草畜配套、统计监测等10类。经专家审核后，分别编辑出版《草业生产实用技术》和《草原牧业实用技术》，以期对教学科研、技术推广等机构，以及企业、合作社和农牧民等各类生产经营主体开展草牧业和草业生产等工作起到引领、指导和帮助作用。

本书共收集草业生产实用技术30项，其中建植管理技术13项、绿色植保技术2项、产品加工技术6项、草种生产技术2项、草畜配套技术6项、统计监测技术1项。共有77位技术持有者或者熟悉技术内容的专家学者、技术推广人员提供了技术，经全国畜牧总站和13位省区技术推广机构人员收集、汇总，10家高等农业院校、科研院所和技术推广部门的32位专家完成了书稿的编写和修改工作。在此，谨对各位专家学者、技术人员以及相关单位的辛勤付出表示诚挚的感谢!

由于我国地域广泛,草业生产发展需求多样,适宜不同地区的技术持有情况不同,本书收集的技术还不能完全满足各地区、各部门和广大读者的需求,加之时间紧张、能力有限,不足之处敬请读者批评指正。

编　者

2019 年 6 月

目　录

三种豆科牧草播种技术

一、技术概述

豆科牧草具有营养价值高、适口性好、抗逆性强、抗旱节水、固氮能力强等特点。其生态适应性强，分布区域较广，能改良土壤，显著提高土壤肥力，也可与禾本科牧草形成间、混、套作等种植模式。随着我国畜牧业的快速发展，优质牧草的短缺成为制约该产业乃至奶业高效健康发展的瓶颈。因此，发展优质牧草产业势在必行。对豆科牧草生产而言，播种技术是决定种植能否成功的关键环节，所生产的优良种子是建立人工草地和改良天然草场的重要基础，是扩大牧草再生产的基本条件。掌握播种技术对于提高草产量、丰产栽培、推动产业发展都具有重要意义。

二、技术特点

该技术主要适用于黄淮海地区，同时可供华北平原其他地区、西北地区、东北地区等豆科牧草（苜蓿、红豆草、箭筈豌豆、毛叶苕子、沙打旺等）生产区参考使用。该技术详细介绍从播前整地至播后出苗等各个步骤的技术指标，解决因播种技术问题造成的草产量损失，保障了牧草的产量和品质，节省了人力、物力。

三、技术流程

见图1。

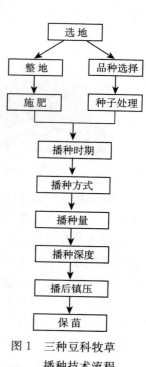

图 1　三种豆科牧草
播种技术流程

四、技术内容

（一）紫花苜蓿

1. 选地

紫花苜蓿适宜在地势高燥、平坦、排水良好、土层深厚、质地沙黏比例适当的地块上播种。土壤要求松散，通气透水，保水保肥，以壤土和黏壤土为宜。苜蓿为深根性作物，土层厚有利于深扎根，不宜种植在地势低洼或易积水的地块，要求地下水位在 1m 以下才能种植。可耐轻度盐碱。种子粒小，幼苗生长缓慢。因此，应选择杂草少的地块种植，如选择前茬作物，应以玉米或一年生麦类等农作物的地块为宜。

2. 整地

播种前，要精细整地。播前杂草较多的地块，要用百草枯等药剂消灭杂草，然后深翻耕（图 2），结合耙地 10d 后播种。前茬为农作物的地块，在作物收割后先灭茬。需要深翻耕且中等偏下的地力，建议在深耕的同时施用厩肥，一般施肥量为 3.0 万～4.5 万 kg/hm²。不需要深耕的地块，待前茬作物收获后及早灭茬。一般采用圆盘灭茬器，再使用圆盘耙等机具进行旋耕（图 3）田间作业。该项措施具有一定的翻土和覆盖作用，深度一般以 20cm 为宜。

图 2 深耕

图 3 旋耕

深翻耕后的地块土块常较大，不平整，留有根茎性杂草，需用圆盘耙破碎土块，平整地面，耙除杂草，蓄水保墒。

耱地又叫盖地，一般在深翻耕、耙地之后进行，兼有平地、细碎土壤及轻度镇压的作用，可为播种创造良好的土壤条件。耱地的工具用荆条或树枝等编成。旱作区，耱地也在犁地前、雨后进行，主要起蓄水保墒作用。

镇压，利用镇压器、石磟等工具压碎土块，压实地表。

为防治地下害虫（蛴螬、地老虎等），可在旋耕前撒施 3% 毒死蜱颗粒剂 30～60kg/hm²。种子播种前，有水浇条件的地块需灌溉造墒。待墒情合适时，整地播种。雨养地区应视天气情况而定，雨后及时播种。

3. 施肥

结合整地施足基肥。基肥以化肥和复合肥为主；磷（P_2O_5）144～216kg/hm² （折合过磷酸钙 1 200～1 800kg/hm²）和氮（N）69.0～172.5kg/hm²（折合尿素 150～375kg/hm²），土壤速效钾含量低于 180mg/kg 时增施钾肥（K_2O）49.5～124.5kg/hm²（折合硫酸钾 150～375kg/hm²），或施苜蓿专用肥 675～825kg/hm²。

4. 品种选择

虽然苜蓿适应性广，但要获得丰产，必须选择适宜当地自然条件种植的高产优质品种，如抗旱、抗寒、抗盐碱、抗病虫等特性品种。外引品种至少要在当地经过 3 年以上的适应性试验才可大面积种植。

5. 种子处理

优质的种子应具有纯净、饱满、整齐、无病虫、生命力强等特点。

（1）种子清选。种子经品质检验后，发芽率和发芽势较高。纯净度较低的种子，需进一步清选去杂。常用的清选方法有：风选、筛选、水溶液选。风选可通过风扬去除比重较轻的杂物；筛选可选出体积较大的秸秆以及石砾和其他杂物；水溶液选可将轻于种子的杂物和瘪粒清除。也可用种子清选机清选（图4）进行。

图 4　种子清选机

（2）硬实处理。硬实在紫花苜蓿中较为常见。种子量较大时可用石碾碾压，或在种子中掺入一定量的沙砾摩擦，使种皮粗糙起毛而不压碎种子；也可采用变温浸种将种子放入 50～60℃热水中浸泡 0.5h，白天晒种，夜间加水保持湿润，经 2～3d 可打破休眠，促进萌发；播前晒种可促进后熟，提高种子发芽率。

（3）根瘤菌接种。取老苜蓿地表层以下湿土与种子混合播种，每亩*用土量 25～40kg，此法费工，大面积播种不建议采用；或采用干瘤法在苜蓿开花

---

* 亩为非法定计量单位，1 亩≈667m²，下同。

盛期，选择健壮植株，将挖出的根部洗净、阴干、揉碎，作为拌种使用，每公顷用健壮根部 45～55 株拌种。

包衣种子播前不进行处理。

6. 播种时期

根据当地气候条件、土壤状况确定适宜播期。一般采用春季和秋季播种较多。

（1）春播。3 月 20 日至 4 月 15 日进行。土壤墒情良好或有灌溉条件的地方可采用此法。春季幼苗生长缓慢，杂草生长较快，春播必须注意杂草防除。

（2）秋播。8 月 15 日至 9 月 15 日进行。正值雨季过后，气温逐渐降低，温度适宜，杂草和病虫害减少，适宜播种。但播期不宜过晚，以使冬前苜蓿株高 5cm 以上，具备一定的抗寒能力，确保幼苗安全越冬。过晚对苜蓿安全越冬和产量均会造成影响。

盐碱地因秋季土壤含盐量低，气候条件适宜，出苗快，成苗率高，建议秋播。但播期宜早，不宜迟。

7. 播种方式

（1）条播。行距 15～20cm，小面积地块可采用牧草小型人力播种机（图 5）进行等量播种；生产上可采用多功能谷物播种机（图 6），或苜蓿专用播种机（图 7）。

图 5　牧草小型人力播种机　　　图 6　多功能谷物播种机

图 7　苜蓿专用播种机

（2）撒播。平整土地后用人工或机械将种子均匀撒在土壤表面，耙耱覆土，镇压。此法适于杂草少地块，如山坡地或果树行间。

8. 播种量

根据当地自然条件、土壤条件、播种方式确定。条播（图8）播量为10～15kg/hm²；盐碱地适当增加20%～50%播种量；撒播增加20%播种量。

图8　小面积人工条播

9. 播种深度

以1～2cm为宜，沙质土壤易深，黏土宜浅；土壤墒情差宜深，墒情好宜浅。干旱地区，可以采取深开沟、浅覆土的办法。

10. 播种镇压

翻耕后立即进行播种时，如因耕层疏松，易出现覆土深的现象，因此播前应进行镇压。播后镇压（图9）有利于种子吸水萌发。

图9　小面积播后人工镇压

11. 保苗

种子在未出苗前，如遇大雨使土壤板结影响出苗时，要及时耙地破除板结，以利出苗。因土壤墒情差影响发芽出苗时，可在种子预计出苗的前几天补灌1次，以确保出苗。

（二）红豆草

1. 选地

红豆草具有良好的适应性，较紫花苜蓿而言，其适应范围广，土壤要求不严，轻度盐碱地、干旱瘠薄地均可种植，但重盐碱地和低洼内涝地除外，在偏碱性的沙壤土和沙土中可种植。对前作没有特殊要求，但前作以小麦、玉米等禾本科作物为好。

2. 整地

播前要深翻耕，精细整地。杂草严重时，可采用除草剂处理后翻耕。深耕前，施有机肥 3.75 万～5.25 万 kg/hm^2 和过磷酸钙 225～300kg/hm^2 作底肥，有机肥料要充分腐熟，酸性土壤上应增施石灰。（播前除草，灭茬，精细整地，防治地下害虫等技术参照紫花苜蓿执行。）

3. 施肥

土壤瘠薄时，播前整地可加施尿素 75～150kg/hm^2，磷酸二铵 76～90kg/hm^2。北方土壤中大多富钾，可满足红豆草生长需要，一般不再施用钾肥。

4. 品种选择

选择适应当地自然条件的优良品种。

5. 种子处理

（1）种子清选。选择籽粒饱满、大小均匀、无病虫害、纯净度高的种子。具体方法有：人工清选、风选、筛选和水选等。

（2）硬实处理。红豆草种子约有 20％～30％ 的硬实。为促进种子后熟，打破种子休眠，提高种子发芽率，防治病虫害，可采用播前晒种 2～3d，或温水浸种（50℃水浸种 6h，晒干）。

（3）种子消毒。红豆草壳二孢病可用福美双拌种，每 100kg 种子用药剂 0.5～0.8kg；白粉病用 40％福尔马林 300 倍液浸种 5h，洗净播种。

（4）根瘤菌接种。用 0.05％钼酸铵溶液处理种子会提高根系有效根瘤数。播种前，可用红豆草专用根瘤菌接种，也可用捣碎的根瘤带土拌种（10 株健壮干根拌 7.5～10kg 红豆草种子）。在从未种过红豆草的耕地上播种时，接种根瘤采用老红豆草地土壤与种子混合，比例最少为 1∶1，或使用每千克种子用 10g 菌剂，制成菌液，洒在种子上，充分搅拌，随拌随播。

6. 播种时期

根据地温和土壤墒情确定适宜播期，春播和秋播均可，干旱地区视地温可在雨后抢墒播种。

（1）春播。3月20日至4月15日，春播当年生长缓慢，产量相对较低，应注意杂草防除工作。

（2）秋播。8月15日至9月15日，播种不宜过晚，以利幼苗越冬。

7. 播种方式

（1）条播。行距15～20cm，大面积播种时多采用播种机条播。

（2）撒播。平整土地后用人工或机械将种子均匀撒在土壤表面，耙糖覆土，镇压。这是常用的一种比较简便的播种方法，多适合小面积和不宜机械作业地块。

（3）混播。可与苜蓿、老芒麦等混播，以充分利用土地、空间、水分和光照等，提高草产量，减少病虫害发生，延长草地利用年限。

8. 播种量

根据利用目的不同确定。收草田播量60～75kg/hm²；种子田播量30～45kg/hm²；盐碱地适当增加30％播种量；撒播增加20％播种量；与苜蓿混播时红豆草种子用量21kg/hm²；苜蓿用量7.5kg/hm²。与老芒麦混播时红豆草种子用量21kg/hm²，苜蓿用量15kg/hm²。

9. 播种深度

视土壤水分状况而定，土湿宜浅，土干宜深，播种深度一般为2～4cm，播后及时镇压保墒，以利出苗。若地表干土层厚时，也可采用深开沟浅覆土法播种。

播种镇压和保苗参见紫花苜蓿播种技术。

（三）箭筈豌豆

1. 选地

箭筈豌豆对土壤要求不严，耐酸、耐瘠薄能力强，不耐盐碱，选择地势平坦，排水良好，土层深厚、肥力适中的沙壤土或壤土地块。

2. 整地施肥

播前要精细整地。深耕前，施有机肥2.25万kg/hm²和过磷酸钙150～225kg/hm²作底肥。（播前除草，灭茬，精细整地，防治地下害虫等技术参照紫花苜蓿执行。）

3. 品种选择

选择高产、优质抗逆性好并适应当地自然条件的优良品种。外引品种至少要在当地经过3年以上的适应性试验才可大面积种植。

4. 种子处理

（1）晒种。播前晒种3～5d。

（2）选种。用10％左右的盐水进行选种或用清水浸种2～3次，去除瘪粒、杂草籽和霉籽。

（3）温热处理种子。采取干燥器处理，温度为 30～35℃。

（4）包衣处理。播前用含微肥和辛硫磷等具有杀虫成分的包衣剂对种子进行包衣处理。

（5）根瘤菌接种。从未种过箭筈豌豆的地块应接种根瘤菌，按 8～10g/kg 根瘤菌剂拌种，避免阳光直射；避免与农药、化肥、生石灰等接触，接种后的种子应在 3 个月内播种。

5. 播种时期

箭筈豌豆喜冷凉，耐阴性好，早春土壤解冻，5cm 土壤温度稳定在 4℃以上时适宜播种。

6. 播种方式

（1）条播。行距为 15～20cm，播后覆土镇压。

（2）撒播。用人工或机械将种子均匀地撒在土壤表面，然后轻耙覆土镇压。大面积宜采用机械撒播。

（3）混播。因箭筈豌豆单播时易倒伏，可与燕麦等禾本科作物混播。

7. 播种量

根据播种方式不同确定。机械条播的播种量为 90～105kg/hm²；人工撒播适当增加播种量，为 105～120kg/hm²；箭筈豌豆与燕麦混播时，播量按照 2：3 的比例，与其他禾本科牧草混播时，播量按照 1：1 的比例。

8. 播种深度

箭筈豌豆属大粒种子，播深 3～4cm，一般不超过 5cm，沙质土壤易深，黏土宜浅；土壤墒情差的宜深，墒情好的宜浅；春季宜深。

播种镇压和保苗参见紫花苜蓿播种技术。

五、注意事项

（1）整地作业时，大型机械应严格按照机械安全操作规范认真执行，防止发生安全意外事故。

（2）拌种和撒施有毒颗粒剂时，应做好防护，操作完成后及时清洗，防止中毒。

（谢楠、刘忠宽、刘振宇、冯伟、智健飞、秦文利）

人工草地建植土地平整技术

一、技术概述

平整土地是指牧草播种或移栽前一系列土地整理的总称，是牧草栽培最基础的环节，是保证牧草全苗壮苗、草地精细化管理、机械收获加工作业效率和质量、牧草丰产优质等的关键条件。牧草播种前的首要任务是精细整地，为牧草的播种和种子萌芽出苗创造适宜的土壤环境。一般要求地面平整，土壤松碎，无大土块，耕层上虚下实，团粒结构多、土质松散适度。平整土地技术一般包括障碍物清理、灭茬除杂、土壤耕作、机械平地、机械镇压等环节。

二、技术特点

该技术适用于人工牧草种植生产区土地平整参考使用。技术内容包含障碍物清理、灭茬除杂、土壤翻耕、土壤深松、耙糖、平地、镇压等。采用该技术可实现草地精细化管理与牧草丰产增效，如采用旋耕灭茬技术可使紫花苜蓿增产 18.5％，青贮玉米增产 10.8％，饲用黑麦增产 14.6％；机械化深松青贮玉米单产平均提高 20.3％，苜蓿单产提高 36.8％，饲用黑麦单产提高 42.7％，灌溉水的利用率平均提高 33.9％；秋季播种的紫花苜蓿播前进行土壤镇压，苜蓿能提早出苗 2～3d，越冬率提高 10％～15％，增产率 9％～15％；进行土地平整，灌水效率提高了 6.8％，耕层土壤含盐量降低了 24.5％，苜蓿单产平均提高了 19.8％。

三、技术流程

见图 1。

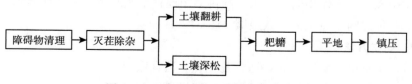

图 1　人工草地建植土地平整技术流程

草业生产实用技术 2018

四、技术内容

(一) 障碍物清理

在土壤耕作等作业前，要通过人工或机械将土地里面的石块等硬物清理干净，同时将土地里面的田埂、沟岗等进行平整，创造安全的机械作业条件。

(二) 灭茬除杂

灭茬除杂是土壤整理和牧草高效播种的重要环节，同时也是实现保护性耕作方式的关键技术（图2）。

图 2 灭茬除杂作业

一般采用机械旋耕灭茬技术。它是利用旋耕机、灭茬机、联合整地机与其配套的拖拉机所进行的一次性灭茬除杂耕地作业技术。现有的各种机具按作业模式可大致分为灭茬机、旋耕机、旋耕灭茬机、深松旋耕灭茬机以及联合整地机等。

通过多年来试验研究，人工草地建植旋耕灭茬技术的使用可以使牧草有大幅度的增产。采用旋耕灭茬技术可使紫花苜蓿增产18.5%，青贮玉米增产10.8%，饲用黑麦增产14.6%。

(三) 土壤翻耕

一般采用铧犁（有壁犁）、圆盘犁进行。有壁犁同时具有翻土和碎土作用，有三种形式：螺旋犁使土垡完全翻转，碎土作用小，适于草多的荒地；圆筒犁碎土作用强，翻土作用弱，多用于翻耕菜园地；半螺旋犁又称熟地型犁，作用介于上两种之间，适于大多数土壤（图3）。

1. 翻耕方法

(1) 全翻垡：翻转180°，适合荒地，不适宜熟地。

(2) 半翻垡：翻转135°，适用于一般耕地。

· 10 ·

图 3　土壤翻耕作业

（3）分层翻垡：采用复式犁将耕层上下分层翻转，耕地质量较高。

2. 翻耕时期

翻耕的时期一般随当地气候、熟制和作物生育期而异。按不同的翻耕季节分为秋耕、冬耕、春耕和伏耕等 4 种，并选择能调节土壤水分、熟化土壤和保护农田生态环境的适宜时间进行。一般在前茬作物收获后或牧草播种前及早翻耕，有利于提高整地质量。

（1）北方：一年一熟非风沙区或两熟地区，在夏、秋季作物收获后以伏耕、秋耕为主；一年一熟风沙区，一般以春播前春耕为主。

（2）南方：多在秋冬季进行。

3. 翻耕深度

翻耕深度根据牧草种类、土壤质地、当地气候、季节等多种因素而定。一般来讲，深根系牧草宜深耕，浅根系牧草宜相对浅些；黏土宜深耕，沙土宜浅耕；秋耕宜深，春耕宜浅；休闲地宜深，播种前宜浅等。总的来看，旱地一般以耕翻深度 20～25cm 为宜，水田以 15～20cm 为宜。

（四）土壤深松

分层松耕而不打乱土层的耕作措施，耕作深度较深，可疏松犁底层。由于不乱土层，保持地面覆盖，可减少水分蒸发，防止风蚀。适用于干旱、半干旱和丘陵地区（图 4）。

1. 土壤深松类型

机械化深松按作业性质分为局部深松和全面深松两种。

全面深松是用深松犁、"V"形铲刀等全面松土，这种方式适用于配合农田基本建设，改造耕层浅的土壤。局部深松则是用杆齿、凿形铲或铧进行松土与不松土相间隔的局部松土。机械深松一般以秋季的全方位深松为主，以夏季的局部深松为辅。

图 4　土壤深松作业

2. 土壤深松农艺技术规程

（1）深松作业的时间：全方位深松必在秋后进行，局部深松在秋后或播前秸秆处理后进行灭茬，再进行深松作业。为保证密植牧草株深均匀，应在松后进行耙地等表土作业，或采用带翼深松进行下层间隔深松，表层全面深松。

（2）土壤适耕条件：土壤含水量在 15％～22％。

（3）深松作业深度：秋季作业深度为 30～40cm，盐碱地改良排涝作业深度为 35～50cm。

（4）作业周期：根据土壤条件和机具进地强度，一般 2～4 年深松一次。

（5）深松作业深度要一致，不得漏松，夏季深松时应同时施入底肥。

3. 深松技术效果

（1）有效地打破长期以来犁耕或灭茬所形成的坚硬犁底层，提高土壤的透水、透气性能，深松后的土壤体积密度为 12～13g/cm³，适宜牧草根系深扎和生长发育；机械深松可有效地排涝、排除盐碱。

（2）提高了土壤蓄积雨水和雪水能力。机械深松可使雨水和雪水下渗保存在 0～150cm 土层中，形成巨大土壤水库，使伏雨、冬雪春用、旱用，确保播种墒情。深松比不深松的地块在 0～100cm 土层中可多蓄 35～52mm 的水分，0～20cm 土壤平均含水量比传统耕作条件一般增加 2.34％～7.18％，可有效实现天旱地不旱，一次播种拿全苗。

（3）机械化深松牧草增产明显。根据在沧州市黄骅市示范区的研究，与未深松的相比，深松处理青贮玉米单产平均提高 20.3％，紫花苜蓿提高 36.8％，饲用黑麦提高 42.7％；深松可使灌溉水的利用率平均提高 33.9％。

（五）耙耱

耙耱是土地翻耕或深松耕后碎土和平地的统称。通常在翻耕后、深松耕后、播种前或早春保墒时进行，作为基本耕作的辅助作业，但都是完成土壤耕作的各项任务不可缺少的措施，主要作用是碎土、疏松土壤、平整土地、保蓄水分、提高土温等。

常用机具为圆盘耙，圆盘耙碎土力较强；也可以采用耱，耱也称"耢"或"盖"。

图 5　耙耱作业

（六）平地

土地平整度往往影响播种、灌溉、施肥、喷药的均匀度和整齐度，从而影响牧草产量。同时，土地平整度也影响后续机械作业效率、作业质量和作业安全，影响机械使用寿命和牧草收获加工质量（图 6）。

图 6　平地作业

1. 机具选型

刨式平地机或分流式平地机，牵引拖拉机动力在 130 马力[①]以上，后轮加双轮；平地机后配备板耱。

2. 平地作业方法

平地须进行 3 遍作业。第 1 遍用刨式平地机横向（垂直于播种方向）作

---

① 马力为非法定计量单位，1 马力≈735W，下同。

业，平土板入土深度为 10cm，作业过程中以平土板吃满土为宜；第 2 遍用分流式平地机纵向（顺播种方向）作业，入土深度 5cm；第 3 遍用动力驱动耙（进口耙）耙地作业。

3. 平地作业质量检查与验收

（1）地边整齐度取点检查。采取随机取点检查法，沿地块四边，每隔 50m 取 2 个点，直线度误差不得超过 15cm。

（2）漏平检查。在作业后用目测法检查地中、地边、地角有无漏平现象。

（3）平整度检查。用目测法检查地中、地边、地角有无明显凹坑、沟槽或土堆、土条。

4. 平地的技术效果

根据国家牧草产业技术体系沧州综合试验站研究，与未进行土地平整的地块相比，进行土地平整后，显著提高了灌溉水流推进速率。灌水效率提高了 6.8%，灌水均匀度提高了 5.3%，耕层土壤含盐量降低了 24.5%，苜蓿单产平均提高了 23.8%。

（七）播前镇压

播前进行土壤镇压，能粉碎坷垃，踏实土壤，提墒保湿，促进出苗，是一项较好的抗旱措施和增产技术（图 7）。

图 7　播前镇压作业

镇压的原则：压"黄"不压湿，压暄不压实；适墒播种的以重耙为主，忌镇压。根据相关研究，在土壤含水量不超过 15%～16% 的两合土，土壤容重在 1.2～1.3g/cm³，单位面积压力 400～500g/cm² 时，比较适宜进行镇压。所用镇压器一般为 200～250kg 重的石磙，或比较重一些的机引镇压器。

根据在河北冀东地区的多年研究，秋季播种的紫花苜蓿播前进行土壤镇压，苜蓿能提早出苗 2～3d，越冬率提高 10%～15%，增产率 9%～15%。

五、成本效益分析

（一）平地技术成本效益分析

1. 机械平地技术作业成本构成

燃油费 390 元/hm^2，劳务费 113 元/hm^2，折旧及维修费 132 元/hm^2。每公顷作业成本总计 635 元，按照苜蓿地利用期 5 年计算，每年每公顷机械平地技术作业成本均摊为 127 元。

2. 效益分析

进行平地后播种紫花苜蓿，单产平均提高 23.8%，折合 175kg/hm^2 苜蓿干草，按照收购价 1.6 元/t 计算，每年合计增加产值 280 元/hm^2，去除平地成本，每年每公顷增加纯收益为：280－127＝153 元。

（二）深松技术成本效益分析

1. 深松技术作业成本构成

燃油费 120 元/hm^2，劳务费 60 元/hm^2，深松机折旧费 25 元/hm^2，配套动力折旧费 45 元/hm^2，消耗件 22 元/hm^2，维修费 6 元/hm^2。每公顷作业成本总计 278 元，按照苜蓿地利用期 5 年计算，每年每公顷深松技术作业成本均摊为 55.6 元。

2. 效益分析

深松后播种紫花苜蓿，单产平均提高 36.8%，折合 270kg/hm^2 苜蓿干草，按照收购价 1.6 元/t 计算，每年合计增加产值 432 元/hm^2，去除深松成本，每年每公顷增加纯收益为：432－55.6＝376.4 元。

七、注意事项

（1）播前土壤镇压，要遵循镇压的原则：一是压"黄"不压湿；二是压暄不压实；三是适墒播种的以重耙为主，忌镇压。

（2）在土壤含水量较大、土壤黏重地块，不宜深松作业。深松作业中，机械要保持匀速直线行驶，深松间隔距离保持一致；深松作业要保证不重松、不漏松、不拖堆。

（3）秋季雨少干旱时，残茬腐解率低。被粉碎的根茬和秸秆不能完全腐解而影响牧草播种出苗，这种情况下可以人工添加一些堆腐剂以促进根茬和秸秆的腐解。

（刘忠宽、刘振宇、秦文利、谢楠、冯伟、智健飞）

北方地区禾本科牧草播种技术

一、技术概述

禾本科牧草是世界范围内天然草地补播改良和人工草地建植的主要类群。我国北方主栽的禾草品种有冰草、苇状看麦娘、雀麦、狒子茅、稗、披碱草、偃麦草、羊茅、牛鞭草、大麦、羊草、赖草、狼尾草、黑麦草、早熟禾、碱茅、新麦草、鹃草、猫尾草、鹅观草、金色狗尾草、苏丹草、高丹草、茭草、针茅、结缕草、鸭茅等。禾草抗逆性强、品质优良、适口性好，具有较高的饲用价值，是我国北方畜牧业优质饲草料的重要来源。随着我国畜牧业转型升级步伐的不断加快，北方地区禾本科牧草生产受到越来越多的重视。播种是进行禾本科牧草良性生产的重要环节，主要包括播前准备及播期、播种量、播深与播种方式的选择。

二、技术特点

该技术针对多数禾本科牧草种子细小、具芒等特点，对播种量、播深及株行距进行了规范，增加了种子播前去芒技术环节，能有效提高出苗率，显著增加牧草产量。该技术主要适用于我国北方人工草地。

三、技术流程

见图1。

四、技术内容

（一）播前准备

1. 土地要求

选用地势平坦或起伏较小、土层深厚、土壤肥沃、水源丰富、水质优良、排灌方便、盐碱化程度低、无沙化风险、交通便利地块。建立高产人工草地时，土壤厚度应达到1m以上，耕作层30cm左右，土壤有机质含量15g/kg以上，全氮0.8g/kg以上，碱解氮150mg/kg、速效磷20mg/kg、速效钾150mg/kg

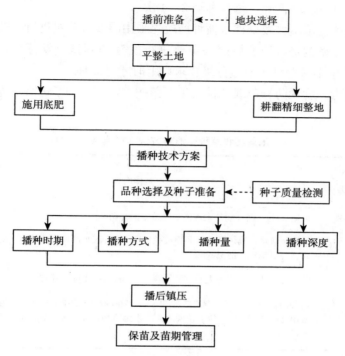

图1 北方地区禾本科牧草播种技术流程

以上。建立旱作人工草地时，地块地下水位应较高或天然降水充沛。

2. 整地

整地主要是对地块进行耕、耙、耱、镇压等土壤耕作，即浅耕灭茬后，用有壁犁深翻土壤，耕翻深度为20～25cm。耕翻后，用长齿钉耙进行耙地，达到地块平整、无较大土块及无杂草根茎标准。为进一步平整地面、压实土壤，耙地后一般进行耱地。为保证土壤墒情，防止种子发芽后发生"吊根"现象，播前应用镇压器进行镇压。

3. 种子要求

选用饱满、无霉粒、硬实率低的种子。种子质量应符合 GB/T 6142—2008 禾本科草种子质量分级要求。

4. 种子处理

（1）清选。为提高种子纯净度，保证播种质量，必须清选种子。可根据种子大小、形状、长度、比重、表面结构等物理特性差异利用风筛、螺旋分离器、比重、窝眼、清选机等进行清选。

（2）晒种。在播前3～5d，选无风晴天，把种子摊开在干燥向阳处暴晒

3～4d。种子厚度 5～6cm，每天翻动 3～4 次。

（3）去芒。禾本科牧草种子播种前应先采用碾或去芒机进行去芒。

（4）发芽率测定。种子播前一定要进行发芽率测试。发芽率达到 GB/T 6142—2008 禾本科草种子质量分级要求以上时才可播种。

（5）消毒。为预防种苗或植株发生真菌病害，可对种子进行消毒处理。消毒方法见表1。

表1　禾草类牧草种子消毒方法（贾慎修，2004）

禾草类牧草种子消毒方法	具体内容
筛选和盐水清洗	可用 20%～22% 的盐水淘洗清除禾草的麦角病
药物浸种	可用石灰水、福尔马林等药物浸种。用 1% 石灰水浸种可防治禾草的根腐病、赤霉病、秆黑穗病、散黑穗病
药剂拌种	药剂拌种防治病害种类及方法见表2。拌种后阴干随即播种
温汤浸种或温冷浸种	播种前，用 44～46℃ 温水浸种 3h，或先在冷水中浸种 4～6h 后，再在 50～52℃ 温水中浸种 2～5min，然后快速放入冷水中冷却，取出晾干后播种。可防治禾草散黑穗病

表2　禾草病害与药剂拌种防治方法（徐柱，2004）

禾草病害种类	拌种防治方法
锈病	可选用种子质量 0.2% 的 25% 的粉锈宁或 25% 羟锈宁可湿性粉剂拌种
黑粉病	可选用种子质量 0.2% 的 15% 的粉锈宁可湿性粉剂；0.2%～0.5% 的 40% 拌种双；0.2% 的 50% 多菌灵；0.2% 的 50% 禾穗安（G696）；0.2% 的 40% 福美双；0.2% 的 75% 五氯硝基苯；0.3% 的 35% 菲醌
纹枯病	可选用种子质量 0.2% 的 33% 的纹霉净可湿性粉剂（主要成分为三唑酮和多菌灵）或用种子质量 0.1%～0.12% 的 25% 三唑醇或 25% 三唑酮可湿性粉剂拌种
霜霉病	可选用种子质量 0.2%～0.3% 的 35% 的阿普隆（35% 甲霜灵）拌种；或选用种子质量 0.3%～0.4% 的 50% 的甲霜酮可湿性粉剂（10% 甲霜灵＋40% 二羧酮）拌种；或选用种子质量 0.2%～0.25% 的 80% 的恶霜菌丹（赛得福）可湿性粉剂（恶霜灵 20%＋灭菌丹 60%）
根腐病、叶斑病	可选用种子质量 0.2%～0.3% 的 35% 的药剂拌种。药剂品种有：50% 代森锰锌可湿性粉剂、50% 福美双可湿性粉剂、50% 退菌特可湿性粉剂、15% 三唑酮（粉锈宁）可湿性粉剂、40% 多福合剂等

（二）播种

1. 播期

（1）春播。在春季，当土壤墒情较好，温度适宜时即可播种。北方地区一般在4月中旬至5月末。

（2）夏播。北方地区夏季播种一般在6月至7月初。适用于多年生禾草。

（3）秋播。土壤墒情好，进入冬季前保证牧草具有60d以上生育期时可进行秋播。

（4）顶凌播种。在土壤开始解冻，融化土层达6cm左右时可抢墒早播。将种子播在冻土层上，充分利用底墒促使种子发芽的播种方法。

（5）寄籽播种。临冬（一般在12月中旬）地表夜冻昼消时播种，播深2～3cm。

2. 播量

应根据种子生物学特性、种子质量、土壤肥力、整地质量、利用方式而定。分蘖、分枝能力强的牧草品种、种子质量好、土壤肥沃、整地精细及种子田应减少播量，否则，加大播量。主要禾草品种单播播量及行距、播深见表3。实际单播播种量参照如下公式计算。

$$实际播种量＝种子用价100\%时的播种量/种子用价$$

$$种子用价＝种子纯净度×发芽率$$

混播草地一种牧草的播种量＝单播牧草播种量×该种牧草在混播中所占比例，将混播中各牧草播种量相加则为混播草地的总播种量。计算公式为：

$$k=ht/x$$

式中，k为混播时某种草的播种量，单位为kg/hm^2；h为该草种中100%种子用价的单播量，单位为kg/hm^2；t为该草种在混播中所占比例，单位为%；x为该草种实际种子用价（即种子纯净度与发芽率的乘积，单位为%）。

表3　主要禾本科牧草播种量及行距

牧草名称	播量（kg/hm²）		行距（cm）		播深（cm）
	草田	种子田	草田	种子田	
多年生黑麦草	15.00～22.50	9.00～12.00	15～20	45～60	2.0
多花黑麦草	15.00～22.50	9.00～12.00	15～20	45～60	2.0
黑麦	150.00～187.50	90.00～112.50	15～20	30～45	3.0～4.0
小黑麦	150.00～187.50	90.00～112.50	18～20	30～45	3.0～4.0
苏丹草	22.50～37.50	11.50～22.50	30～45	45～60	4.0～5.0
高丹草	22.50～30.00	11.50～22.50	15～30	45～60	3.0

（续）

牧草名称	播量（kg/hm²）		行距（cm）		播深（cm）
	草田	种子田	草田	种子田	
羊草	30.00～45.00	15.00～22.50	15～45	45～60	2.0
草地早熟禾	6.00～7.50	3.00～4.50	15～30	30～45	0.0～1.0
无芒雀麦	22.50～30.00	10.50～15.00	30～45	45～60	3.0
草地羊茅	15.00～22.50	9.00～15.00	20～40	40～60	1.0～2.0
苇状羊茅	15.00～22.50	9.00～15.00	20～40	40～60	1.0～2.0
老芒麦	22.50～30.00	9.00～15.00	15～30	45～60	3.0
猫尾草	7.50～15.00	4.50～7.50	15～30	30～45	0.5～2.0
披碱草	22.50～30.00	11.25～15.00	15～30	45～60	3.0
冰草	15.00～22.50	7.50～11.25	15～30	45～60	3.0
鸭茅	0.80～1.00	0.60～1.00	15～30	45～60	2.0

3. 播深

播种深度与种子大小、土壤类型等有关。大粒种子 3～4cm。沙质土壤以 2cm 为宜，中等黏重土壤 1.5～2cm，较黏重土壤应更浅。主要禾草播种深度见表 3。

4. 播种方法与方式

（1）单播。在一块地播种一种牧草的播种方式。优点：技术简单、省工省力、播种速度快。缺点：产量低、易被杂草侵染。单播主要采用以下播种方式：

A. 撒播。将种子均匀撒于土壤表面，然后轻耙覆土镇压。可用人工撒播或飞机撒播。

B. 条播。按一定行距人工或机械开沟播种。更适用于机械化播种。

C. 穴播（点播）。间隔一定距离开穴播种。适用于整地困难的地块。

（2）混播。两种或两种以上的牧草在同一地块上的同行或隔行播种。一般采用禾本科牧草和豆科牧草混播。优点：根系可互补利用土壤中不同深度土层养分；可增加土壤有机质、改善团粒结构；豆科牧草可固氮；草产量高而稳定，品质优。混播主要采用以下播种方式：

A. 撒播。将要混播的豆科和禾本科牧草种子混合在一起，均匀地播在土壤表面。

B. 同行播种。将要混播的几种牧草种子播于同一行内。

C. 间行播种。一种或几种牧草播于一行，而另一种或几种牧草种子播于另一行。

D. 交叉播种。一种或几种牧草播于直行，另一种或几种牧草与前者垂直方向播种。

（3）保护性播种。在播种多年生牧草时，常与一年生禾谷类作物混播，禾谷类作物对多年生牧草起保护作用，防止多年生牧草播种当年因生长缓慢，被杂草侵占。

5. 播后镇压

播种后立即镇压。

五、注意事项

（1）种子进行消毒时，药物浸种或拌种后，一定要阴干，避免暴晒，阴干后及时播种。

（2）选择混播牧草时，应选择适合当地自然条件的多年生豆科牧草与禾本科牧草品种进行混播。这些品种的组合必须具有共同的适应性、生长发育的一致性和生长势的均衡性，同时具有高产、优质、再生性能好的特性。

（3）为防止与牧草争水、争肥、争光，应选择基叶不茂盛、不倒伏、生长迅速的保护作物，如小麦、黑麦、大麦、燕麦、荞麦等。保护作物的播量一般比其正常播量减少 $25\% \sim 50\%$，比牧草提前播种 $10 \sim 15d$，及时收获，并及早清除其残茬，以减少杂草、病虫害对牧草的危害。

（秦文利、刘忠宽、智健飞、谢楠、刘振宇、冯伟、王连杰、白金丽、刘敏英）

南方地区冬季牧草混播技术

一、技术概述

近年来，在南方现代草地畜牧业推进行动、基础母牛扩繁增量等项目的带动和草食畜肉类需求增长的拉动下，南方地区牛羊业发展逐步加快。随着草地畜牧业快速发展，冬春季节饲草供应不足或单一等问题逐步出现。南方地区冬季牧草混播技术主要利用多个冷季型优质牧草特性互补特点，选用适应性强耐刈割的多花黑麦草、前期生长快干物质含量高的燕麦及蛋白含量高的豆科品种光叶紫花苕子（或毛苕子、饲用豌豆），根据种植土地类型和利用需求，按一定比例混播，达到提高草产量和品质、提早供青、延长利用期、增加人工种草效益的目标。通过"粮草"与"经饲"土地轮作，充分利用现有的土地资源，解决冬春季节饲草供应不足。如冬闲田在南方地区为闲置资源，用来种植牧草与水稻建立短期套、轮作种植模式，具有提供饲草和保护农田生态环境与改良土壤的作用，可有效地缓解发展牛羊产业与粮经等农业争地的问题。通常条件下，冬闲田种植以上混播牧草，每公顷产鲜草 75 000kg，按 0.2 元/kg 计，可新增产值 15 000 元左右。经济效益的推动可促进农民自发进行种植结构调整，促进粮—经—饲三元结构种植模式发展，发展冬季农业，助力于农业供给侧改革。

二、技术特点

（一）适用范围

该技术适用于长江中下游的中亚热带地区，适合于各类土地类型，如秋冬闲田、牧草地（旱地）、撂荒地（果园隙地等）。

（二）同类技术对比

与单一种植多花黑麦草品种相比，该技术可以提高干草产量 29％以上、增加豆科牧草 15％～20％及改善适口性，适度缓解多花黑麦草含水量过高直接饲喂造成肉牛拉稀以及豆科牧草缺乏问题，也可增加效益 2 260 元/hm²。

三、技术流程

该技术根据土地类型特点，选择适宜的品种组合、混播比例以及利用方式。在确保晚冬、早春供青的基础上，不影响下茬作物种植（图1）。

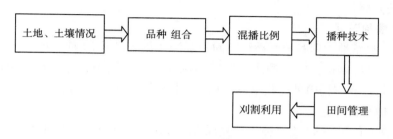

图1　南方冬季牧草混播技术流程

四、技术内容

（一）品种选择及混播组合

根据土地类型特点、土壤状况及牧草特性，选择适宜的品种混播组合。

一般牧草种植地：采用"多花黑麦草＋燕麦＋光叶紫花苕子"混播组合；

需要提早利用牧草地：采用"燕麦＋光叶紫花苕子"组合；

秋冬闲田：适宜选用"多花黑麦草＋光叶紫花苕子"混播组合；如果翻耕种植较晚，采用生长速度快的"燕麦＋饲用豌豆"或"燕麦＋多花黑麦草＋饲用豌豆"混播组合；

撂荒地：因土壤肥力差或耕作层较薄，主推根系发达的多花黑麦草与固氮能力强且落子再生性好的毛苕子混播组合。

（二）选地与整地

1. 牧草地

选择一年生暖季型人工牧草地。在暖季型牧草9—10月收割后，根据土壤肥力情况施用有机肥 15 000～30 000kg/hm²，利用机械深翻 20～30cm，然后用旋耕机将土壤耙细耙平。

2. 秋冬闲田

水稻收割后，视土壤情况采取适度旋耕进行土地整理。旋耕前，可以施畜粪肥 30 000kg/hm² 或氮磷钾复合肥 225kg/hm² 作基肥。也可采用板田直播，但注意机械收割水稻时，留茬高度控制在 10cm 以下。如天气干旱或土壤干燥，需要采取灌溉使土壤保持湿润后再播种。

3. 撂荒地

土地翻耕前，清除地面的石块、毒害植物等杂物。施用有机肥 30 000～45 000kg/hm²，再利用机械深翻 20～30cm，然后用旋耕机将土壤耙细耙平。

（三）播种

1. 播种时间

（1）牧草地、撂荒地。播种时间一般为 9 月下旬至 10 月下旬。

（2）秋冬闲田。以水稻成熟收获情况而定。一般中稻田种植牧草时间在 10 月上旬，双季稻田种植牧草时间在 10 月下旬至 11 月上旬。

2. 播种量

根据 GB/T 2930.4 草种子检验规程发芽试验要求对种子发芽率进行检测。发芽率在 85％以上种子的单播播种量：多花黑麦草 15～30kg/hm²、燕麦 90～120kg/hm²、饲用豌豆 225kg/hm²、毛苕子 120kg/hm²、光叶紫花苕 120kg/hm²。发芽率低于 85％以下，需提高播种量。

实际播种量＝理论播种量×发芽率（＞85％）/实际发芽率。

因豆科牧草的再生性较禾本科牧草差，为确保牧草能多次刈割及持续高产，禾本科牧草种子用量比例有所降低。撂荒地因土壤肥力差及冬闲田土壤板结，可以适当提高牧草播种量。具体播种量见表 1。

表 1　各土地类型混播组合与播种量

土壤类型	混播组合	播种量（kg/hm²）		
		合计	豆科	禾本科
牧草地	多花黑麦草＋燕麦＋光叶紫花苕子	85	40	黑麦草5，燕麦40
	燕麦＋光叶紫花苕子	110	60	50
	多花黑麦草＋光叶紫花苕子	70	60	10
秋冬闲田	燕麦＋多花黑麦草＋饲用豌豆	92	48	黑麦草4，燕麦40
	燕麦＋饲用豌豆	160	110	50
撂荒地	多花黑麦草＋毛苕子	75	60	15

3. 播种方式

种植面积小的，可采取人工撒播或条播，条播行距 30cm；面积大的，可采取无人机撒播。播种后，牧草地、秋冬闲田、撂荒地可以利用机械轻耙盖种。

4. 种子处理

主要用于不翻耕的免耕直播地（如冬闲田）。在播种前，对种子进行浸种 5～10h，利用速效肥及泥土进行拌种制成丸衣。或按每 100kg 种子加水 50kg（黏合剂、尿素溶于水中）、黏合剂 0.2kg、尿素 2kg、钙镁磷肥 200kg 制成丸衣种。可以增加种子的重量和体积，使种子撒播时易落地粘贴土壤，确保种子出苗和正常生长。

（四）田间管理技术

1. 补播

出苗后，检查出苗情况。缺苗面积大，采取局部人工翻耕破土进行补播；缺苗面积小，采取点播方式补播。

2. 施肥管理

多花黑麦草、燕麦对氮肥（尿素）敏感，在苗期和拔节期施肥对第 1 茬影响较大。毛苕子、光叶紫花苕等豆科牧草第 1 茬产量因苗期施肥不同存在差异，但在刈割后追施速效氮肥对第 2 茬或第 3 茬产量影响不大。因此，南方地区冬季种植牧草侧重苗期、分蘖期及第 1 茬的施肥管理。

每个种植期内追肥 4～5 次，第 1 次，出苗 30d 左右，施用尿素 37.5kg/hm²；第 2 次，分蘖期—拔节期/分枝期（出苗 60～90d），施用尿素 75～150kg/hm²；每次刈割后追施尿素 75kg/hm²。施肥在雨后进行或配合灌溉。

3. 田间排灌管理

根据土地地势制定排灌沟走向，畦面宽 10～15m，沟宽 0.3m，沟深 0.25～0.30m，四周有排灌沟，确保不积水且地下水位在 0.15m 以下。牧草苗期干旱需灌溉。

（五）刈割利用技术

牧草刈割利用可以根据牛羊等家畜生产及饲草供应情况而定。饲草供应紧缺可以早刈割。一般以主播品种多花黑麦草、燕麦株高 0.50m 左右时刈割利用。播种早，当年可以利用，供青时间可以持续到第 2 年的 5 月中、下旬。适当刈割次数，可以提高牧草产量。收割后，要及时施肥灌溉。

五、成本效益分析

成本效益分析见表 2。

表2 技术模式经济效益比较

项　目		单　价	摺荒地	
			黑麦草＋毛苕子（1：1）	黑麦草单播
投入成本	土地租赁费	1 500（元/hm²）	1 500	1 500
	种子费	12 000（元/t）	900	360
	机耕费	2 250（元/hm²）	2 250	2 250
	尿素	2 200（元/t）	660	660
	复合肥	2 800（元/t）	420	420
	有机肥	340（元/t）	1 020	1 020
	人工费	（元/hm²）	3 000	2 200
合　计（元/hm²）			9 750	8 410
产出	草产量	（t/hm²）	75	57
	收入	200（元/t）	15 000	11 400
纯收入		（元/hm²）	5 250	2 990
效益比较	品种组合混播效益较单播种植方式增加 2 260（元/hm²）			

六、引用标准

GB/T 2930.4 草种子检验规程。

（徐桂花、甘兴华、于徐根、戴征煌、黄栋、刘水华）

牧草微量元素肥料施用技术

一、技术概述

  微量元素是植物必需且需求量很少的一类元素，对植物的新陈代谢和生长发育具有重要作用。随着我国畜牧业的快速发展，对牧草产量和品质的要求越来越高。施用微量元素不仅可以提高牧草的产量与品质，还可防止牲畜因缺乏微量元素而引起的代谢性疾病。因此，加强对微量元素在牧草生产中的管理对我国畜牧业的可持续发展具有重要意义。但在牧草生产中微肥管理技术缺乏，不利于牧草微肥缺素症的防治。现对牧草微量元素缺乏诊断方法、主要常用微肥种类及施用方法进行整理，以便推广。

二、技术特点

  该技术对牧草微量元素缺乏诊断方法、主要常用微肥种类、施用方法及注意事项进行了收集整理，弥补了我国牧草生产中微量元素管理技术的漏洞。

三、技术内容

（一）牧草微量元素缺乏诊断方法

  诊断方法主要包括：牧草微量元素调查法、目视诊断法、化学分析诊断法、生物试验诊断法、叶片喷施诊断法等。这几种方法要互相验证，不可轻易下结论。

  1. 调查法

  首先，要对发病历史和土壤类型进行调查。土壤养分供应不足是大面积发生缺素症的主要原因，常在固定区域、土类上发生。因微量元素含量不同导致不同土壤缺素情况有所差异。其次，要对施肥和栽培情况进行调查。施肥情况调查可以排除大中量元素的缺乏症。如施用钙镁磷肥的土壤一般不会缺乏钙、镁、磷肥，而栽培措施带来的作物生长异常是局部的、个别的。

  2. 目视诊断法

  根据不同种类微量元素缺乏时引起的植物症状进行诊断，可参照相应的彩色图片进行辨认。

3. 化学分析诊断法

实地调查后仍不能确定土壤缺乏那种微量元素时，就要采用化学分析方法进行判断。对土壤和植株都要进行取样化验。化验结果参照土壤和植物微量元素含量的临界值进行判断。

4. 生物试验法

生物试验法就是把相应的肥料施用于发生缺素症的作物上进行验证，如果有效，就证明缺素。主要通过田间栽培试验、温室盆栽试验和叶片喷施试验进行。田间试验一般采用大面积对比法或小区试验法，要严格按照肥料试验操作规程在典型发病土壤上做肥效试验。温室盆栽试验一定在发病地区进行，用当地发病土壤和灌溉水，这样才能有效防止外来干扰和环境污染带来的误判。进行生物试验时，一定用发病区种子播种。叶片喷施诊断法是将含有微量元素配成适当浓度的溶液向发病植物注射，观察缺素症状是否消失。喷液时做好隔离工作，以防肥液溅到对照区，影响试验结果的准确性。

（二）牧草主要微肥种类及施用方法

1. 硼肥

硼肥种类很多，但常见有 4 种。分别为：硼砂 [$Na_2B_4O_7 \cdot 10H_2O$，含硼（B_2O_3）量约 11.3%]、硼酸 [H_3BO_3，含硼（B_2O_3）量约 17.5%]、硼镁肥 [$H_3BO_3 \cdot MgSO_4$，含硼（B_2O_3）量约 1%]、硼镁磷肥 [用酸处理硼泥和磷矿粉制成，含硼（B_2O_3）量约 0.6%]、硼泥 [生产硼砂时下脚料，含硼（B_2O_3）量约 2.0%]。目前，硼砂、硼泥为我国最常施用的硼肥。

硼肥的施用方法包括：①作底肥。每亩用硼砂 0.5～1kg，与细干土、磷肥或氮肥混匀，或每亩用硼泥 15kg 左右，用有机肥拌匀，在播种前整地时施入，施用 1 次，肥效可持续 2～3 年。②叶面喷施。每 0.5kg 种子用硼砂或硼酸 0.2～0.5g 进行拌种，阴干后播种。③拌种。每亩用硼砂 0.05～0.1kg 或硼酸 0.05～0.07kg，对水溶化后再加清水 50kg（喷洒浓度为 0.1～0.2%），在晴天下午 4 时后，进行叶面喷施。

硼肥施用的注意事项：①在配制硼砂或硼酸水溶液时，要进行重复搅拌，待肥料全部溶解后再倒入喷雾器。切勿将微肥直接装入喷雾器，以免影响效果。②因为作物对硼的缺乏、适量、过量之间的浓度差异较小，一定控制好用量和掌握好施肥技术，否则易引起中毒，导致减产，不结实。③硼肥对作物繁殖器官有直接影响，应及早施用。因硼在植物体内运转能力差，应间隔一定时间进行多次喷施。

2. 钼肥

常用钼肥主要有 2 种，分别是钼酸铵 $[(NH_4)_2MoO_4 \cdot 4H_2O]$ 和钼酸钠 $(Na_2MoO_4 \cdot 2H_2O)$，钼含量分别为 54％、36％。钼肥的施用方法包括：①作底肥。一般每亩用钼酸铵 0.01～0.1kg，与磷酸钙混合成钼过磷酸钙，或与钾肥、硼肥混合施用，肥效更佳。②拌种。每 0.5kg 种子用 1g 钼酸铵拌种。拌种时，先用少量约 50℃ 热水将肥料溶解，然后用冷水稀释至所需要的体积（按 0.5kg 种子 50g 水来计算。）边喷边搅拌，拌种要均匀。拌种过程中不要弄破种皮，以免影响发芽。拌好后摊开晾干即可播种。如果种子要进行农药处理，可与钼肥一起拌进去，也可等晾干后再拌入农药。③叶面喷施。一般采用 0.05％～0.1％ 浓度进行叶面喷洒，每亩用肥液 50～75kg。在牧草苗期或花前期喷洒较好，每次相隔 7～10d。钼肥、磷肥、氮肥配合喷洒最好。每亩用钼酸铵 15g、尿素 0.5kg、过磷酸钙 1kg 进行配施。方法为先将过磷酸钙加水 75kg 搅拌好放置过夜，翌日将沉渣滤去加入钼肥和尿素后，搅拌均匀即可进行喷洒。

钼肥施用的注意事项：①钼肥拌种不可使用铁器。②用钼肥处理过的种子不能再用来食用或饲喂牲畜。③一定要控制用量。喷洒时浓度不宜过高、次数不宜过多，避免引起牲畜钼中毒。④拌种阴干后要及时播种，不用隔天或拖延几天后播种。⑤钼酸铵若保存时间过长，不易溶解时，可滴加几滴氨水，但不用过量氨水，否则影响种子发芽。

3. 锰肥

锰肥大致有 6 种，分别为：硫酸锰 $(MnSO_4 \cdot 3H_2O$，含锰 26％～28％，易溶于水)、氯化锰 $(MnCl_2 \cdot 4H_2O$，含锰 17％，有吸水性，易溶于水)、碳酸锰 $(MnCO_3$，含锰 31％，不溶于水，溶于稀酸)、氧化锰 $(MnO$，含锰 41％～68％，不溶于水)、螯合锰 (如 MnEDTA，含锰 12％，不溶于水)、磷酸铵锰 $(Mn(NH_4)PO_4 \cdot 3H_2O$，含锰 29％) 等。此外，还有含锰过磷酸钙、含锰玻璃肥料、含锰工业矿渣等。

锰肥的施用方法包括：①作底肥。一般每亩用硫酸锰 1～2.5kg，与生理酸性化肥或农家肥混合条施或穴施。砂性的石灰质土壤用量宜多。如用含锰工业废渣，每亩用量为 5～10kg，地面撒施后耕翻入土。②拌种或浸种。每 1kg 种子用 4～8g 锰肥拌种，拌种方法同钼肥。浸种用硫酸锰，浓度为 0.05％～0.1％（50kg 水加 50～100g 锰肥）。种子与溶液比例为 1:1，浸泡时间 12～24h。③叶面喷施。用浓度为 0.05％～0.2％ 的硫酸锰溶液进行叶面喷施，每亩根据苗大小喷洒 30～50kg。

锰肥施用的注意事项：锰肥宜在作物生育早期施用。

4. 铁肥

铁肥主要有硫酸亚铁、硫酸亚铁铵、氧化铁、氧化亚铁、磷酸亚铁铵、硫酸铵铁、螯合态铁等。目前，常用的是硫酸亚铁（$FeSO_4 \cdot 7H_2O$，含铁约 19%，易溶于水）。

铁肥的施用方法：铁易被土壤固定，故生产上常采用叶面喷施方法。硫酸亚铁喷雾浓度为 0.2%～1%，一般连续喷 2～4 次，相隔 5～6d 为宜。每亩根据苗大小喷洒 50～100kg。也可采用浸种方法。浸种浓度 0.01%～0.1%，浸种约 12h。

铁肥施用注意事项：喷施时应 50kg 硫酸亚铁溶液加入 50g 洗衣粉。以提高叶片附着力。应选晴天下午 4 时以后喷洒为宜，叶片正反两面都应附着上溶液，以利吸收。

5. 锌肥

因锌肥难溶于或不溶于水，生产上常用的锌肥为七水硫酸锌（$ZnSO_4 \cdot 5H_2O$，含锌 23%，易溶于水）和一水硫酸锌（$ZnSO_4 \cdot H_2O$，含锌 35%，易溶于水）。

锌肥的施用方法包括：①作底肥。一般每亩用硫酸锌 1～2.5kg，与生理酸性化肥（不用与磷肥混合）、农家肥和细土混合施用。随整地施入土壤。因锌肥肥效较长，不必每年都施。②拌种或浸种。每 1kg 种子用 2～6g 硫酸锌拌种，拌种方法同钼肥。用浓度为 0.05%～0.1%（50kg 水加 50～100g 锰肥）硫酸锌溶液浸种。种子与溶液比例为 1∶1（1kg 种子配 1kg 溶液），浸泡 6～12h 后捞出阴干即可。③叶面喷施。每亩用 50～100g 硫酸锌兑清水 50kg 后搅拌，使之充分溶解。选晴天下午 4 时以后喷洒。④追肥。每亩用 0.5～1kg 硫酸锌与细土混合或兑水，在作物生长中期施入土壤。

锌肥施用的注意事项：浸种时、晾干时忌在太阳下暴晒。追肥时，应在晴天露水干以后进行。

6. 铜肥

因铜肥难溶于或不溶于水，生产上常用硫酸铜（$CuSO_4 \cdot 5H_2O$，含铜 25%，易溶于水）。

铜肥的施用方法包括：①拌种或浸种。拌种为每 0.5kg 种子拌入 0.5g 硫酸铜。浸种则用 0.01%～0.05%硫酸铜溶液浸种 12h 后，阴干即可播种。②叶面喷施。用 0.02%～0.1%浓度的硫酸铜溶液，每亩视苗大小，喷液 50～100kg。

铜肥施用的注意事项：①拌种时一定要严格控制用量，否则影响种子发芽。②叶面喷施时，最好在溶液中加入少量熟石灰，防止产生虫害。③农药波尔多液含铜，如果经常用波尔多液防虫防病，就不用施铜肥。

7. 硒肥

生产上常用硒肥种类为亚硒酸钠（$Na_2SeO_3 \cdot 5H_2O$，含硒 34.8％，易溶于水）或富硒专用肥。

硒肥的施用方法包括：①底施。每亩用亚硒酸钠 40～60g，与细干土混合均匀。均匀撒于地表，随整地施入土壤中。②叶面喷施。用 0.01g/L 浓度的亚硒酸钠溶液进行叶面喷施，以叶片湿润为度。

硒肥施用的注意事项：①一定要严格控制用量。②叶面喷施时，不要选择在大风天、雨天进行。喷施后下雨要重新喷。

8. 钴肥

生产上，常用钴肥种类为硫酸钴（$CoSO_4 \cdot 5H_2O$，含钴 21％，易溶于水）。

钴肥的施用方法包括：①底施。每亩用亚硒酸钴 50～100g，与细干土混合均匀。均匀撒于地表，随整地施入土壤中。②叶面喷施。用浓度为 0.1～0.5g/L 的亚硒酸钠溶液进行叶面喷施，以叶片湿润为度。

注意事项与硒肥相同。

9. 稀土

农业稀土主要是工业稀土元素生产的中间产物或含稀土元素的矿渣制成的，均属于混合稀土。稀土微肥种类主要是以硝酸稀土〔$R（NO_3 \cdot 4H_2O）$，R 代表稀土，是低毒的水溶性稀土溶液〕为主，另外有少量的氯化稀土、硫酸稀土。

稀土的施用方法包括：①拌种。每亩用 10～24g 硝酸稀土溶液进行拌种。将硝酸稀土溶于 5～110 倍水中（如 100mL 稀土溶于 0.5～1kg 水中），然后把溶液倒入种子，拌匀。阴干后播种。②浸种。稀土兑水配成 0.03％～0.05％溶液，浸种 10～12h，捞出晾干后播种，避免太阳下暴晒。③喷洒。配制成浓度为 0.03％的硝酸稀土溶液，在作物始花期喷施。两次喷施期间间隔 7～10d。于晴天无风下午 4 时以后喷施为好。如播种前种子没有拌种或浸种，最好在苗期喷 1 次。

稀土施用的注意事项：①应在氮、磷、钾及其他元素都能充分满足作物需求情况下，施用稀土肥才有效果。②应针对稀土元素含量少的土壤施肥，如石灰岩发育的土壤。酸性火成岩稀土含量多，不建议施用。③拌种时，不要用铁器。剩余种子不可食用或饲用。

（秦文利、刘忠宽、智健飞、谢楠、刘振宇、冯伟）

盐碱地水稻春闲田燕麦种植技术

一、技术概述

山东属于华北单季稻作业带，全省种植单季水稻面积在 13 万 hm² 左右，主要分布在济宁滨湖稻区、临沂库灌区及沿黄稻区。其中，沿黄稻区占 30％以上，多为盐碱洼地，在收获水稻后的 11 月至次年 5 月期间形成了大片的农闲田，为开展春夏季短期饲草生产提供了空间。黄河三角洲地区拥有未利用地近 53 万 hm²，集中连片，且黄河淤积年可造地 1 000hm²，土地资源优势突出。自 1989 年被列为农业综合开发试验区以来，该地区水稻种植面积不断扩大，大量的春夏闲田为"燕麦—水稻"轮作开展短期燕麦生产提供了广阔空间。

燕麦属于一年生禾本科牧草，具有一定的耐盐碱性，其干草可溶性碳水化合物含量高（WSC≥15％），产奶净能为 4.6MJ/kg，接近中等能量饲料水平。同时，燕麦干草中性洗涤纤维（NDF）含量高、木质化程度低，消化利用率高于 45％，相对饲用价值（RFV）可达114％，且草质柔软，适口性好，是高产奶牛的优质饲草。黄河三角洲是山东省奶牛生产规模化程度最高的区域，对优质饲草的需求持续增长，充分利用当地的土地资源优势，因地制宜开展饲草生产是解决饲草短缺的有效途径。

盐碱地水稻春闲田燕麦种植技术就是利用单季水稻区春夏季闲置田开展燕麦生产，在保证水稻生产的同时，收获优质燕麦草。这既提高土地复种指数，增加单位面积土地产出，又能有效抑制盐碱地春季"返盐"，对盐碱地改良意义重大。在华北单季稻作区生产地区，试验、示范、推广盐碱地水稻春闲田燕麦种植技术，可兼顾粮食和饲草生产，为农民增收和牧场增效提供一种可行的模式。

二、技术特点

（一）提高土地复种指数

黄河三角洲单季水稻种植区一般在 5 月底插秧，11 月中旬收获，期间土地闲置。而燕麦 3 月中旬种植，5 月中旬进入扬花期，即可收获用于鲜饲或调制成青贮。开展盐碱地水稻春闲田燕麦种植，能充分利用燕麦和水稻的生物学特性，最大程度地利用了该地区春、夏、秋的光热资源，实现了从单季到双季的土地利用模式，提高了土地复种指数。

（二）增加种养户效益

1. 经济效益

利用水稻冬闲田种植燕麦，相比传统水稻种植模式，多出一季燕麦收入，每亩增收 300 元左右，切实增加农民收入。本地产优质燕麦干草销售价格低于外地调运的燕麦价格，养殖场每吨燕麦干草节省饲料成本 200 元左右，切实为草食家畜养殖业节本增效。

2. 社会效益

利用水稻冬闲田种植燕麦，可增加本地优质牧草供给能力，缓解华北地区优质牧草短缺的局面，对草畜肉乳一体化发展格局的形成意义重大。

3. 生态效益

水稻冬闲田种植燕麦，可有效抑制盐碱地春季返盐现象，对盐碱地改良起到积极作用。

（三）推广潜力大

山东省济宁滨湖稻区、临沂库灌区及沿黄稻区，水稻常年种植面积 195 万亩左右，变传统水稻单季生产模式为"燕麦—水稻"轮作模式，可增加 90 多万 t 优质燕麦干草，丰富了该省优质饲草供应，完善了优质牧草的本地供应体系，切实推动草畜一体化发展。如在试验示范基础上逐步推广到整个华北单季稻作业区，其前景更加广阔（图 1）。

图 1 济宁盐碱地水稻春闲田种植的燕麦

三、技术流程

见图 2。

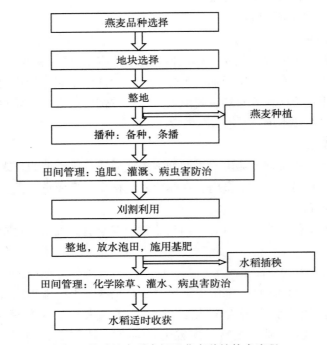

图 2　盐碱地水稻春闲田燕麦种植技术流程

四、技术内容

(一) 地块选择

燕麦对土壤的酸碱度适应性较广,在 pH 5.5～8.0 的土壤上均可生长良好,最低可耐受 pH 4.5。黄河三角洲盐碱地种植试验证明,燕麦在含盐量 3‰地块生长良好。但不宜连作,最好和水稻、豆类等进行轮作种植。

(二) 整地

整地要点是深耕和施肥,应做到早、深、多、细。形成松软细绵、上虚下实的土壤条件,做到深耕、细耙、镇压。深耕不仅能保土蓄水,还可除草灭茬、促进根系发育、防止植株倒伏。施肥以基肥为主,结合整地施入有机肥和二铵 (种肥)。根据测土结果确定施肥的具体数量,一般每亩施用磷酸二铵 15kg (种肥),过磷酸钙 50kg,有机肥 100～150kg。

（三）播种

1. 播期

燕麦幼苗能忍受－4～－2℃的低温下环境，可在 3 月上旬顶凌播种。

2. 播量

每亩播种量 10～12kg，以 12kg 为佳，随盐碱程度加深可适当增加播种量。

3. 播种方法

条播，行距 15～20cm，播深 3～5cm，防止重播、漏播，播种要深度一致、撒种均匀，播后镇压使土壤和种子密切结合，防止漏风闪芽。

（四）田间管理

春播燕麦地块，杂草较少，无需中耕除草。因此，田间管理主要是追肥、灌溉和病虫害防治。施肥的原则是，前期以氮肥为主，后期以钾肥为主，以防陡长而引起倒伏。

1. 施肥

燕麦生育期短、生长快，因此要及时结合灌水进行追肥 2 次。第 1 次在分蘖中期至第一个茎节出现，每亩追施尿素 12～16kg，或硫酸铵、硝酸铵 7.5kg；第 2 次在孕穗期，每亩追施硫酸铵、硝酸铵 5kg，并搭配少量磷、钾肥。

2. 灌溉

有灌水条件的地方，如遇春旱，于燕麦三叶期至分蘖期灌水 1 次，从分蘖到拔节是需水分最多的时期，要注意充分供水。燕麦抽穗后不建议浇水，防止倒伏。

3. 病虫害防治

常见的病虫害种类有坚黑穗病、锈病、红叶病、金针虫、蛴螬、蝼蛄、蚜虫、黏虫、土蝗等。坚持“预防为主，综合防治”的植保方针，采用抗（耐）病品种为主。

蚜虫防治。孕穗抽穗期百株蚜量达 500 头以上时，每亩用 50％抗蚜威可湿性粉剂 4～8g，兑水 40～50kg 均匀喷雾，残留期 7d，可灭蚜虫。

黏虫防治。用 90％的敌百虫 1 200 倍液，或 50％敌敌畏 2 000 倍液喷雾，每亩喷 50kg 药液。

（五）刈割利用

播种后 70d 左右，即在 5 月中旬，燕麦生长至孕穗期或扬花期即可收获，留茬 10cm 刈割，或打碎鲜饲，或铡短后青贮，青贮时要控制水分含量在 65％～70％。

五、成本效益分析

以东营市盐碱地水稻春闲田燕麦种植为例，每亩的成本效益计算如下：

表1　盐碱地水稻春闲田种植燕麦经济效益分析

项目	成本		收入			收益
	支出项	金额 （元/亩）	产量 （kg/亩）	单价 （元/kg）	金额 （元/亩）	金额 （元/亩）
燕麦	种子	122	500	1.5	750	278
	肥料	120				
	农药	0				
	水	50				
	机械	120				
	人工	60				
水稻	种子	200	490	2.6	1 274	160
	肥料	120				
	农药	30				
	水	128				
	机械	175				
	人工	181				
地租		280				
合计		1 586			2 024	438

（张文娟、姜慧新）

科尔沁沙地紫花苜蓿定额灌溉技术

一、技术概述

科学灌溉是紫花苜蓿获得高产的重要条件，需水规律是制订紫花苜蓿科学灌溉方案的前提基础。科尔沁沙地东起吉林省双辽县，西至内蒙古赤峰市翁牛特旗，南北介于燕山北部黄土丘陵和大兴安岭东麓丘陵之间，总面积大约5.17万km²，为我国北方重要的农牧业生产基地。近年来，科尔沁沙地的苜蓿种植、加工业取得了快速发展，已成为我国机械化程度最高、种植面积增长最快、投资力度最大、产业化水平较高的新兴苜蓿优势产区之一，已建成为全国最大的优质苜蓿生产基地，被中国畜牧业协会授予"中国草都"称号。

虽然科尔沁沙地地区苜蓿种植面积大，但关于该地区紫花苜蓿需水规律和灌溉定额的研究较少，并且该区的灌水大多凭借企业管理人员的经验，缺少科学的指导。本技术利用科尔沁沙地30年气象数据，采用联合国粮农组织（FAO）推荐的"彭曼—蒙特斯公式法"，通过归纳总结世界各地紫花苜蓿需水规律的研究结果，粗略估计了本区紫花苜蓿需水阈值，确定科尔沁沙地紫花苜蓿不同生产时期的需水量、需水强度、灌溉需水量和灌溉定额，为该区紫花苜蓿科学灌溉提供依据。

二、技术特点

该技术主要适用于科尔沁沙地地区，该区苜蓿种植灌溉多采用指针型喷灌，规模化生产程度较高。结合科尔沁沙地地区1984—2013年30年的气象数据，利用"彭曼—蒙特斯公式法"归纳得出，该地区紫花苜蓿第1茬、2茬、3茬、4茬、生长季、非生长季和全年需水量分别为221、187、169、179、755、70和825mm，需水强度分别为4.3、4.7、4.1、2.5、3.7、0.4和2.3mm/d，灌溉需水量分别为194、118、66、131、508、56和564mm，灌溉定额分别为228、139、78、154、598、66和664mm。

三、技术原理

利用科尔沁沙地 30 年（1984—2013）逐旬平均气象数据，采用联合国粮农组织推荐的彭曼—蒙特斯公式［式（1）］计算参照作物日蒸散量，即参照作物蒸散强度。利用参照作物蒸散强度计算旬、月、年和不同生产阶段参照作物蒸散量。

$$ET_0 = \frac{0.408\Delta(R_n - G) + \gamma \dfrac{900}{T+273} u_2(e_s - e_a)}{\Delta + \gamma(1 + 0.34u_2)} \tag{1}$$

式中，ET_0 为参照作物蒸散强度（$mm \cdot d^{-1}$），R_n 为作物表面净辐射（$MJ \cdot m^{-2} \cdot d^{-1}$），$G$ 为土壤热通量密度（$MJ \cdot m^{-2} \cdot d^{-1}$），$T$ 为 2m 高处日平均气温（℃），u_2 为 2m 高处风速（$m \cdot s^{-1}$），e_s 为饱和水汽压（kPa），e_a 为实际水汽压（kPa），$\triangle$ 为饱和水汽压曲线斜率（$kPa \cdot ℃^{-1}$），γ 为干湿表常数（$kPa \cdot ℃^{-1}$）。

（一）气象数据

科尔沁沙地 1984—2013 年 30 年逐旬平均气象数据，包括日照时数、最高气温、最低气温、相对湿度、风速和降水量等，该数据由内蒙古自治区赤峰市阿鲁科尔沁旗气象局提供。

（二）紫花苜蓿需水量

利用参照作物蒸散量和作物系数，采用式（2）计算紫花苜蓿需水量。

$$WR = ET_{rc} \times K_c \tag{2}$$

式中，WR 为作物需水量（mm），ET_{rc} 为参照作物蒸散量（mm），K_c 为作物系数（无量纲）。

紫花苜蓿生长季和非生长季作物系数分别为 0.9 和 0.4。

科尔沁沙地紫花苜蓿生长季界定为 4 月 11 日—10 月 31 日，非生长季界定为 11 月 1 日—4 月 10 日。第 1～4 茬的生长期依次分别为 4 月 11 日—5 月 31 日、6 月 1 日—7 月 10 日、7 月 11 日—8 月 20 日和 8 月 21 日—10 月 31 日。

（三）紫花苜蓿需水强度

利用紫花苜蓿需水量大小和生长期（或非生长期）天数，采用式（3）计算紫花苜蓿需水强度。

$$WRR = WR \div T \tag{3}$$

式中，WRR 为需水强度（$mm \cdot d^{-1}$），WR 为作物需水量（mm），T 为生长期或非生长期（d）。

（四）紫花苜蓿灌溉需水量

利用紫花苜蓿需水量和有效降水量，采用式（4）计算紫花苜蓿灌溉需水量。

$$IR = WR - P_e = WR - \sigma \times P \qquad (4)$$

式中，IR 为灌溉需水量（mm），WR 为作物需水量（mm），P_e 为有效降水量（mm），P 为降水量（mm）；σ 为有效降水系数，无量纲，本研究中 σ 取值为 0.75。

（五）紫花苜蓿灌溉定额

利用紫花苜蓿灌溉需水量和灌溉效率，采用式（5）计算紫花苜蓿灌溉定额。

$$IQ = IR \div IE \qquad (5)$$

式中，IQ 为灌溉定额（mm），IR 为灌溉需水量（mm），IE 为灌溉效率（%）。

科尔沁沙地紫花苜蓿灌溉效率确定为 85%。

四、技术内容

（一）科尔沁沙地地区参照作物蒸散强度

科尔沁沙地地区 1984—2013 年 30 年平均参照作物蒸散强度为 2.77mm/d。如图 1 所示，该区参照作物蒸散强度旬际差异巨大，1 月上旬蒸散强度最小，仅为 0.38mm/d，5 月下旬蒸散强度最大，高达 5.65mm/d，两者相差近 15 倍。该区参照作物蒸散强度旬际变化规律总体上呈单峰曲线，自 1 月上旬至 5 月下旬逐旬升高，5 月下旬至 12 月下旬逐旬降低（7 月略有波动）。

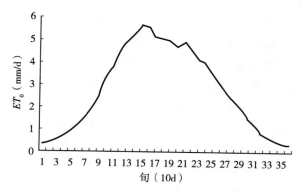

图 1　科尔沁沙地地区参照作物蒸散强度旬际变化动态

（二）科尔沁沙地地区参照作物蒸散量

1. 科尔沁沙地地区逐旬参照作物蒸散量

科尔沁沙地地区 1984—2013 年 30 年间，参照作物旬均蒸散量为 28mm。如表 1 所示，本区参照作物蒸散量旬际差异巨大，1 月上旬最小，仅 4mm，5

月下旬最大，高达 62mm，相差约 15 倍。科尔沁沙地地区参照作物蒸散量旬际变化规律大体上为自 1 月上旬至 5 月下旬逐旬升高，自 5 月下旬至 12 月下旬逐旬降低（7 月和 8 月略有波动）。

2. 科尔沁沙地地区逐月参照作物蒸散量

科尔沁沙地地区 1984—2013 年 30 年间，参照作物月均蒸散量为 85mm。如表 1 所示，该区参照作物蒸散量月际差异巨大，1 月最小，仅 14mm，5 月最大，高达 163mm，相差超 10 倍。该区参照作物蒸散量月际变化规律，自 1 月至 5 月逐月升高，5 月至 12 月逐月降低。

表 1　科尔沁沙地地区 1984—2013 年平均逐旬、逐月参照作物蒸散量

单位：mm

月份	1	2	3	4	5	6	7	8	9	10	11	12
上旬	4	7	15	33	49	56	50	45	35	24	13	5
中旬	4	9	19	38	52	51	47	42	31	20	9	5
下旬	6	9	27	44	62	51	54	45	27	17	6	5
全月	14	26	61	115	163	157	151	132	93	61	28	15

3. 科尔沁沙地地区紫花苜蓿不同生产阶段参照作物蒸散量

如表 2 所示，科尔沁沙地地区 1984—2013 年 30 年参照作物年均蒸散量略高于 1 000mm。其中，生长季占比为 82.7%，非生长季占比为 17.3%。生长季第 1 茬参照作物蒸散量最高，第 2、3 茬逐渐降低，第 4 茬略微升高。

4. 科尔沁沙地地区参照作物蒸散量年际动态

如图 2 所示，科尔沁沙地地区参照作物蒸散量年际差异巨大，1986 年、1991 年和 1992 年不足 900mm，依次为 897、892 和 874mm，2001、2009 和 2010 年超过 1 100mm，分别为 1 120、1 187 和 1 158mm，高低相差超过 300mm。除 1994 年外，1984—1999 年皆低于 1 000mm，16 年参照作物年均蒸散量为 950mm；2000—2013 年皆高于 1 000mm，14 年参照作物年均蒸散量为 1 086mm，两个阶段相差 136mm。

（三）科尔沁沙地地区紫花苜蓿需水量

如表 2 所示，科尔沁沙地 1984—2013 年 30 年紫花苜蓿生长季需水量和全年需水量均值分别为 755mm 和 825mm；生长季占比为 91.5%，非生长季占比为 8.5%；生长季第 1 茬需水量最高，第 2、3 茬逐渐降低，第 4 茬略微回升。

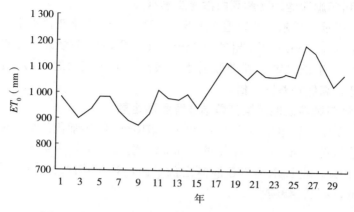

图 2　科尔沁沙地地区参考作物蒸散量年际变化动态

（四）科尔沁沙地地区紫花苜蓿需水强度

如表 2 所示，科尔沁沙地地区 1984—2013 年 30 年紫花苜蓿生长季需水强度和全年需水强度均值分别为 3.7 和 2.3mm·d^{-1}；生长季远高于非生长季，相差近 10 倍；生长季第 2 茬需水强度最高，第 1 茬次之，第 3 茬再次之，第 4 茬最低，明显低于前 3 茬。

表 2　科尔沁沙地地区紫花苜蓿不同生产时期参照作物蒸散量、需水量、
　　　需水强度、降水量有效降水量、灌溉需水量和灌溉定额

单位：mm，mm·d^{-1}

生产时期	第 1 茬	第 2 茬	第 3 茬	第 4 茬	生长季	非生长季	全年
作物蒸发量	245	207	188	198	839	175	1 014
需水量	221	187	169	179	755	70	825
需水强度	4.3	4.7	4.1	2.5	3.7	0.4	2.3
降水量	36	92	138	64	330	18	348
有效降水量	27	69	103	48	247	14	261
灌溉需水量	194	118	66	131	508	56	564
灌溉定额	228	139	78	154	598	66	664

（五）科尔沁沙地地区降水量和有效降水量

如表 2 所示，科尔沁沙地地区 1984—2013 年 30 年年平均降水量和年均有效降水量分别为 350mm 和 260mm。其中，生长季占比约为 95%，非生长季占比约为 5%。生长季第 3 茬降水量和有效降水量最高，第 2 茬次之，第 4 茬再次之，第 1 茬最低，高低相差近 4 倍。

（六）科尔沁沙地地区紫花苜蓿灌溉需水量

如表 2 所示，科尔沁沙地地区 1984—2013 年 30 年紫花苜蓿生长季年均灌溉需水量接近 510mm，全年超过 560mm；生长季占比约为 90%，非生长季占比约为 10%；生长季第 1 茬灌溉需水量最高，第 4 茬次之，第 2 茬再次之，第 3 茬最低，高低相差近 3 倍。

（七）科尔沁沙地地区紫花苜蓿适宜灌溉定额

如表 2 所示，科尔沁沙地地区 1984—2013 年 30 年紫花苜蓿生长季适宜灌溉定额均值接近 600mm，全年超过 660mm；生长季占比约为 90%，非生长季占比约为 10%；生长季第 1 茬灌溉定额最高，第 4 茬次之，第 2 茬再次之，第 3 茬最低，高低相差近 3 倍。

（孙洪仁、杨晓洁、吴雅娜、刘琳、沈月、宁亚明）

科尔沁沙地苜蓿春播建植技术

一、技术概述

科尔沁沙地东起吉林省双辽县，西至内蒙古赤峰市翁牛特旗，南北介于燕山北部黄土丘陵和大兴安岭东麓丘陵之间，总面积大约 5.17 万 km^2，为我国北方重要的农牧业生产基地。近年来，科尔沁沙地的苜蓿种植、加工取得了快速发展，已成为我国机械化程度最高、种植面积增长最快、投资力度最大、产业化水平较高的新兴苜蓿优势产区之一。其中，赤峰阿鲁科尔沁旗现已建成国内集中连片种植面积最大的苜蓿生产基地，是国家紫花苜蓿种植标准化示范区。

风沙大一直是影响科尔沁沙地苜蓿春季建植成败的主要因素。建植初期，苜蓿幼苗较为弱小，该区春季常出现大风天气，并常伴随浮沙，其打击使苜蓿的幼苗很快枯萎死亡。此外，风沙会带走苜蓿的表层土壤，致使苜蓿根部裸露脱水死亡。同时，苜蓿春季播种也会受到本区特有灰绿藜等杂草的严重危害。因此，该区牧业企业多选择在秋季播种，但秋季播种到越冬前苜蓿根部发育较弱，且地上部生物量积累较少，产草量较低；加上该区冬季气候严寒，秋播苜蓿当年刈割极易造成越冬困难，多数企业为保证越冬播种当年不进行刈割，导致播种当年没有经济效益。

保护播种技术是指多年生牧草在一年生作物保护下进行播种的方式。一般在种植多年生牧草时，伴播一年生速生作物作为保护作物，既可以抑制杂草生长，达到保护牧草正常生长的目的，又可以防止水土流失。但在保护作物生长的中、后期，因牧草生长加速有可能导致保护作物与其争光、争水和争肥，从而影响牧草生长，进而影响牧草产量和品质。因此，保护播种多应用在水、肥条件不成为限制生产的因子地区，而科尔沁沙地地区的水、肥条件并不适用于保护播种技术。

2015 年 6 月，该区部分企业采用苜蓿与小麦、燕麦保护播种的方式进行春季苜蓿建植，具体过程为：先播入燕麦或小麦（播量为每亩 6kg），待燕麦或小麦长至 10cm 左右，再深沟播入苜蓿（播量为每亩 2.0kg）。此过程可有利于苜蓿幼苗抵制春季风沙的危害，但后期燕麦等伴生作物的生长对苜蓿的萌发与幼苗生长产生了一定的抑制作用。该技术是在保护播种技术的基础上，进行进一步的改良，技术的成功实施有利于保障科尔沁沙地苜蓿春季建植的成功，克服风沙和杂草对苜蓿幼苗的危害，不仅有利于当年获得收益，也有助于苜蓿的安全越冬。

二、技术特点

该技术适用于科尔沁沙地地区等春季风沙较大的区域。包括筛选禾本科伴生植物，3 月下旬至 4 月上旬先播种，待伴生植物生长至分蘖期时喷施化学除草剂，待伴生植物地上部枯黄死亡后再播种苜蓿。通过该技术的实施，既能在建植当年收获苜蓿干草，提高干草产量和经济效益，又能使苜蓿播种后根系有充足的时间发育。在收获干草之后，苜蓿地上部分可为苜蓿根茎在冬季保水固墒，提高苜蓿越冬率。该技术属于一种新的苜蓿建植方法，为本区的苜蓿种植提供了新的种植制度，具有十分重要的推广价值。其优点主要有以下几个方面：

（1）利用伴生植物的残茬作为苜蓿种子萌发、出苗及幼苗生长的天然屏障，既可保墒，又能避免春播苜蓿被风沙侵害造成的成活率低等问题，促进苜蓿萌发及幼苗生长。

（2）前期播种伴生植物有利于抑制杂草生长，且喷施化学除草剂后可防止伴生植物继续生长对苜蓿萌发与生长产生抑制。

（3）选择在春季进行苜蓿建植，既能提高当年干草产量和经济效益，又能使苜蓿播种后根系有充足的时间发育，刈割后苜蓿地上部分能提高其越冬率。

（4）前期播种禾本科伴生植物有利于抑制该地块其他杂草的生长，且喷施除草剂等专性防除禾本科植物的化学除草剂后，可灭杀禾本科伴生植物以防止其继续生长对苜蓿萌发与生长产生抑制，在实际应用过程中效果显著。

三、技术流程

本技术主要包括：选择地块，整地，播种伴生作物，选择适当的除草剂杀死伴生作物，播种苜蓿，进行除杂、施肥、灌溉、病虫害防治等田间管理，适时收获等方面，具体技术流程见图 1。

四、技术内容

（一）选择适合地块

苜蓿建植要求地块平坦，土壤疏松，水气通透性良好，无杂草，且土壤水

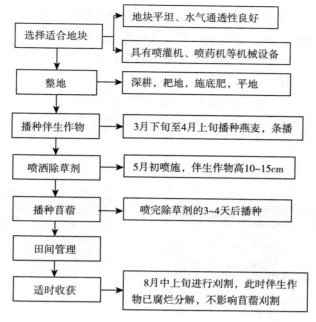

图 1　科尔沁沙地苜蓿春季建植技术流程

分适宜，指针式喷灌机可适时灌溉施肥，配备喷药机等机械设备，可在适当时候喷施除草剂。

（二）整地

在禾本科伴生植物播种之前，地块深耕，之后耙地，保证土壤颗粒较细，通透性良好。深耕深度为 25～30cm，耙地耙碎土块，保证地块平坦整齐。并施入适量肥料作为底肥。

（三）播种伴生作物

伴生作物多选择燕麦、小麦等一年生禾谷类经济作物，以燕麦为例，燕麦播种采用条播，播种日期为 3 月下旬至 4 月上旬，播种量为每亩 6kg，行距为 20cm，深度为 3～5cm。

（四）喷施除草剂

5 月初伴生植物分蘖期时，使用喷药机在伴生作物表面进行喷施，除草剂选用专性防除禾本科植物的化学除草剂。

（五）播种苜蓿

苜蓿播种采用条播，条播播量一般在 2.0～2.5kg/亩，播种时期为 5 月上旬，喷洒完除草剂 3～4d 后，此时伴生作物已显枯黄。

（六）适时收获

在苜蓿的现蕾至初花期进行刈割苜蓿，刈割时期为 8 月中上旬，此时燕麦残茬早已腐烂分解，不影响苜蓿刈割。该技术的应用，不仅可以在建植当年收获苜蓿干草，取得经济效益，可也显著提高播种第 2 年苜蓿的越冬率。

（七）实施案例

2016 年，在绿生源草业公司草业试验圈进行本技术应用的生产试验，见图 2、图 3。2016 年 4 月 8 日播种燕麦作为伴生作物，本次试验设置两个处理：

图 2　试验圈播种燕麦（2016/4/8）　　图 3　试验圈喷洒除草剂（2016/5/4）

早播区：5 月 4 日喷洒除草剂（本试验选用"拿捕净"喷施，2 310mL/hm²），此时燕麦高 10cm 左右。5 月 7 日播种苜蓿 33kg/hm²，行距为 20cm，深度为 1～2cm。

晚播区：5 月 20 日喷洒除草剂（药剂配比与早播区一致），此时燕麦高 20cm 左右。5 月 23 日播种苜蓿 33kg/hm²，行距为 20cm，深度为 1～2cm。

早播区：喷洒完除草剂3天后，燕麦枯黄。

晚播区：未进行处理，燕麦正常生长。

图 4　试验圈早播区、晚播区概况（2016/5/7）

两处理的苜蓿产量情况见表 1，从表 1 中可以看出，应用该技术进行春季苜蓿建植，可在建植当年收获二茬苜蓿干草，干草产量可达 11.52t/hm²。通过早播区和晚播区的对比可以看出，早播区的苜蓿干草产量显著高于晚播区

（图 4）。因此，苜蓿播种时期适宜选在 5 月上旬，当伴生作物高度在 10cm 左右时，便可进行苜蓿的播种，此时种植苜蓿不仅有利于获得较高的苜蓿产量，也有益于苜蓿的安全越冬。

表 1　保护播种条件下早播和晚播苜蓿产量对比

处理	2016/6/23	2016/7/15 刈割		2016/8/11 刈割	
	株高（cm）	株高（cm）	亩产量（kg）	株高（cm）	亩产量（kg）
早播区（5 月 7 日播种）	36.8	79	354	121	414
晚播区（5 月 23 日播种）	7.7	36	60	70	300

而在没有播种禾本科伴生植物的地块，苜蓿出苗极差，极其少数出苗的苜蓿也在苗期由于受到风吹、沙打以及土表干旱等自然胁迫而死亡，后续所存植株几乎为零，无法进行产量测定，导致建植失败。可见，在无伴生作物播种或无燕麦残茬的条件下，该区春季不能进行苜蓿建植。

图 5　试验圈苜蓿建植情况

（左图为 2016 年 6 月 27 日拍摄，右图为 2016 年 10 月 6 日拍摄）

（王显国、卜振鲲、裴明浩、吉高、石静武、达布希拉图、张玉霞、周岩、宁亚明）

紫花苜蓿施肥技术

一、技术概述

我国适栽牧草种类多,其中豆科牧草紫花苜蓿尤因蛋白质含量高,适口性好,牛羊最喜食。生产中加强对紫花苜蓿的田间管理,尤其是肥料管理技术的普及应用,可在增加单位面积饲草产量的同时提高饲草品质,是我国当前紫花苜蓿生产提质增效的有效技术措施之一。紫花苜蓿的根瘤菌与植株共生,具有固氮、溶磷、解钾、促生等多种生理功能,且能分泌多种有机酸,尤其是草酸,溶解钙、镁、磷的能力极强。施肥是对紫花苜蓿生理代谢实施人工调控的一条重要途径,尤其是磷钾肥,可大大增加紫花苜蓿的有效根瘤数和固氮效率,促进有机物质的合成和积累,从而提高紫花苜蓿产量。

随着我国粮改饲、振兴奶业苜蓿行动专项等实施,我国紫花苜蓿种植面积逐年扩大,目前保留面积高达 7 000 余万亩,实施紫花苜蓿科学施肥,不仅对提高苜蓿产量、改善品质意义重大,而且对提高苜蓿生产效益、改善生态环境也具有重要意义。

二、技术特点

综合考虑紫花苜蓿增产、提质、增效,立足于本团队研究实践,本技术从基肥、追肥和叶面喷施三个方面总结了水浇地和旱地紫花苜蓿施肥技术措施。本技术适用于黄淮海平原区,同时可为华北平原、西北、东北等苜蓿主产区提供参考。该技术主要特点为,在保持产量、品质不降低的情况下,可降低化肥施用量,实现节本增效、生态环保的目的。

三、技术流程

见图 1。

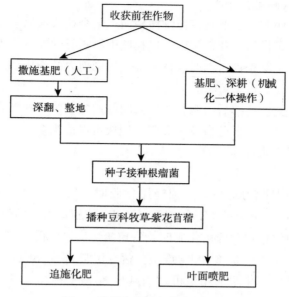

图 1　紫花苜蓿施肥技术流程图

四、技术内容

（一）紫花苜蓿养分需求规律

紫花苜蓿生长年限长，年刈割利用次数多，从土壤中吸收的养分也很多，尤以磷钾为明显。一般来讲，紫花苜蓿每亩每年吸收的养分，氮为13.3kg、磷4.3kg、钾16.7kg。实际上，苜蓿对养分的吸收规律与苜蓿产量紧密相关（表1），紫花苜蓿养分需求规律是开展紫花苜蓿施肥的科学依据。

表 1　苜蓿不同产量水平营养吸收情况

单位：$kg/667m^2$

苜蓿产量（干草）	氮（N）	磷（P_2O_5）	钾（K_2O）	硫（S）
＜600	15.13	1.67	13.67	1.20
600~750	16.87	2.13	18.00	1.47
750~890	23.40	2.53	21.00	1.87
890~1 046	27.87	3.00	25.27	2.13
1 046~1 194	32.00	3.53	30.07	2.53
＞1 194	37.27	4.07	34.93	3.13

数据来源：孙洪仁，2015。

（二）基肥（底肥）施用

基肥，也叫底肥，一般是在作物播种前，结合秋耕或播前浅耕时一次施用的肥料。它主要是供给紫花苜蓿整个生长期中所需的养分，为紫花苜蓿生长发育创造良好的土壤条件，也有改良土壤、培肥地力的作用。

1. 有机肥

一般为牲畜粪便腐熟后的肥料，每公顷施用量 22 500～37 500kg，中高肥力地块可以适当少施，低肥力及一般肥力地块可以适当多施。有机肥料要求充分腐熟，符合无害化标准。

2. 化肥

低肥力及一般肥力地块，单独施用化肥时：每亩施氮（N）肥 3～4kg，磷（P_2O_5）肥 6～8kg，钾（K_2O）肥 8～10kg 或施苜蓿专用肥 45～55kg。

中高肥力地块，单独施用化肥时：每亩施氮（N）肥 2～3kg，磷（P_2O_5）肥 4～6kg，钾（K_2O）肥 6～8kg 或施苜蓿专用肥 35～45kg。

施用有机肥后，化肥的用量可适当减少 30% 左右。土壤肥力丰缺指标见表 2。

表 2　土壤肥力丰缺指标

	有机质含量（%）	速效氮含量（mg/kg）	有效磷含量（mg/kg）	有效钾含量（mg/kg）
低肥力	<1	<60	<5	<50
一般肥力	1～2	60～90	5～10	50～100
中高肥力	>2	>90	>10	>100

（三）接种根瘤菌

在从未种过苜蓿的土地上播种时，要接种苜蓿根瘤菌，按照每 1kg 种子 5g 根瘤菌剂用量，将根瘤菌剂制成菌液洒在种子上，充分搅拌，随拌随播；无菌剂时，取老苜蓿地土壤与种子混合，比例最少为 1∶1。

（四）种肥施用

种肥，是指在播种时，将肥料施于种子附近供给作物生长初期所需的肥料。紫花苜蓿施用种肥可明显提高出苗率和幼苗生长，种肥一般以磷酸二铵为好，一般肥力和低肥力地块每亩种肥用量 4～5kg。

（五）追施氮磷钾肥

紫花苜蓿追肥以磷钾肥为主，氮肥为辅。具体追肥种类及用量视土壤肥力、土壤养分、苜蓿产量等情况而定，磷钾肥追施可以参考表 3、表 4（数据来源于孙洪仁)。

表3　基于目标产量（干草）推荐磷肥（P_2O_5）施用量

单位：kg/hm^2

土壤0～30cm有效磷含量 （mg/kg）	水平	4.95t/hm²	9.90t/hm²	15t/hm²	19.95t/hm²
0～5	极缺	60	120	170	230
5～10	缺乏	30	60	120	170
10～15	足够	0	0	60	120
＞15	丰富	0	0	0	60

表4　基于目标产量（干草）推荐磷肥（K_2O）施用量

单位：kg/hm^2

土壤0～30cm有效钾含量 （mg/kg）	水平	4.95t/hm²	9.90t/hm²	15t/hm²	19.95t/hm²
0～50	极缺	60	120	230	340
50～100	缺乏	0	60	120	230
100～150	足够	0	0	60	120
＞150	丰富	0	0	0	60

1. 水浇地

（1）追肥时期。水浇地紫花苜蓿最佳施肥时期为春季返青期，在浇返青水作业前施入；其次为第一茬苜蓿刈割后和冬季施肥；最后一茬苜蓿刈割后、土壤未封冻的初冬季节进行追肥。

（2）追肥方法。按照肥料施入方式分，苜蓿追肥方法有水肥一体化、地表撒施、开沟条施；按照作业方式分，有人工施肥、机械施肥。为提高作业效率、作业质量和化肥养分利用率，一般以水肥一体化为最佳；也可机械开沟条施，施肥深度2～3cm。

（3）追肥量。

氮肥。春季返青期追施氮肥总量的2/3，第一次刈割后追施剩余1/3氮肥。其中，第一次氮肥施肥量为120kg N/hm^2 左右，第二次施肥量为60kg N/hm^2 左右。具体施肥量视土壤肥力和紫花苜蓿产量而定。

磷钾肥。春季返青期追施磷钾肥总量的2/3，最后一茬苜蓿刈割后、土壤未封冻的初冬季追施剩余1/3磷钾肥。其中，第一次磷钾肥施肥量分别为150kg P_2O_5/hm^2 左右、80kg K_2O/hm^2 左右；第二次施肥量分别为 75kg

P_2O_5/hm^2 左右、40kg K_2O/hm^2 左右。

2. 旱地

（1）追肥时期。旱地紫花苜蓿最佳施肥时期为第 1 茬紫花苜蓿刈割后，随中耕作业施入；也可冬季施肥，即最后一茬苜蓿刈割后、土壤未封冻的初冬季节进行追肥。

（2）追肥方法。按照肥料施入方式分，苜蓿追肥方法有地表撒施、开沟条施；按照作业方式分，有人工施肥、机械施肥。为提高作业效率、作业质量和化肥养分利用率，一般以机械开沟条施为好，施肥深度 2～3cm。

（3）追肥量。

氮肥。建植前 3 年，氮肥每次施用 22.5kg N/hm^2 左右；建植第 4 年，氮肥按 60kg N/hm^2 左右施用，之后每年施肥量在前一年基础上增加 15kg N/hm^2；如果第 4 年或第 5 年实施苜蓿地切根，则氮肥按 75kg N/hm^2 左右施入。具体施肥量视土壤肥力和紫花苜蓿产量而定。

磷钾肥。磷钾肥每年分 2 次施入，各占施肥总量的 50%，第 1 次为第一茬紫花苜蓿刈割后，第 2 次为最后一茬苜蓿刈割后、土壤未封冻的初冬季。

建植前 3 年，磷肥每次施用量为 45kg P_2O_5/hm^2 左右；建植第 4 年，磷肥每次施用量为 75kg P_2O_5/hm^2 左右；从第 5 年开始，磷肥每次施肥量在前一年的基础上增加 15kg P_2O_5/hm^2。具体施肥量视土壤肥力和紫花苜蓿产量而定。

建植前 3 年，钾肥每次施用量为 15kg K_2O/hm^2 左右；建植第 4 年，钾肥每次施用量为 30kg K_2O/hm^2 左右；从第 5 年开始，每次施肥量在前一年的基础上增加 7.5kg K_2O/hm^2。具体施肥量视土壤肥力和紫花苜蓿产量而定。

（六）叶面喷施微肥

叶面喷施微量元素肥料有利于紫花苜蓿的植株长高和茎秆发育，增加其干物质的积累，提高苜蓿干草产量、营养品质和适口性。

在紫花苜蓿每茬草的分枝期（一般喷施 2 次，间隔时间 7d），按 100mL/m^2 用量叶面喷施 0.01% 的铜、硒、硼、钼、锌和钙肥料溶液，可显著增加不同茬次紫花苜蓿的株高、茎粗、干鲜比以及干草产量。

在紫花苜蓿每茬草的分枝期，喷施硒（0.813kg/hm^2）或钴（1.300kg/hm^2）可以提高紫花苜蓿建植当年的干、鲜草产量和粗蛋白质、粗脂肪和粗灰分含量，并降低中性洗涤纤维和酸性洗涤纤维含量；硒钴肥配合施用（硒肥 0.488kg/hm^2，钴肥 1.300kg/hm^2），对紫花苜蓿地下生物量、主根长、根表面积、根平均直径、根体积、根系分叉数、根系交叉数均有促进作用。

五、成本效益分析

与旱地紫花苜蓿传统施肥技术相比，应用本肥料管理技术可减少氮肥和钾肥的施用量，降低肥料成本。同时，略微提高紫花苜蓿鲜干产量，并保持苜蓿干草质量基本不变，收益不降低。如果尿素按 2 000 元/t、硫酸钾 3 200 元/t 计算，在不减产、保持原有质量的前提下，前 3 年可节省尿素 97.88 元/（hm²·年）、硫酸钾（盐碱地）96 元/（hm²·年），即每年每公顷节省肥料价值 193.88 元，实现增收目标（表 5）。

表 5 氮肥、钾肥成本效益分析（旱地、河北黄骅）

	施肥量（kg/hm²）		氮肥成本（元）	节省氮肥成本（元）	钾肥成本（元）	节省钾肥成本（元）	节省肥料成本（元/hm²）
	N	K₂O					
传统施肥	45	30	195.75	—	192	—	—
优化施肥	22.5	15	97.88	97.88	96	96	193.88

六、注意事项

（1）盐碱地施用化肥，不要施用含氯化物的化学肥料，以免加重土壤盐碱化。

（2）施肥过程中，为保证施肥质量，建议机械化开沟施肥。水浇地，施肥后要及时浇水；旱作条件下，尽量在下雨前或土壤墒情好的情况下施肥，以提高肥料利用率。

（3）叶面喷肥受积温和气温影响，不建议第 4 茬喷施。为了提高肥料利用率，建议喷施时间以下午为佳。

（4）施用种肥时，由于肥料直接施于种子附近，要严格控制用量和选择肥料品种，以免引起烧种、烂种，造成缺苗断垄。

（冯伟、刘忠宽、刘志伟、崔素倩、于合兴、孙国通、刘振宇、谢楠、秦文利）

苜蓿水肥一体化技术

一、技术概述

苜蓿作为牧草中蛋白质含量最高的饲草，合理高效的水肥管理是提高苜蓿产量品质的重要措施。水肥一体化技术将灌溉与施肥相结合，利用喷灌、微灌等高效节水灌溉系统，定时、定量地给苜蓿提供水分与养分。该技术核心是将可溶性的固体或液体肥料溶于储肥桶内，通过施肥设备将储肥桶内稀释后的水肥液吸入或注入灌溉管道内，再输送至灌溉系统末级管道上的灌水器（喷头、微喷头或滴头），最终由灌水器将水肥液精准地补充到苜蓿有效根区或叶面上，以调控苜蓿的营养生长和生殖生长。应用水肥一体化技术可有效提高灌溉施肥的均匀性与时效性，具有显著增产、节水、省肥、省工优势。

目前，苜蓿水肥一体化技术主要有滴灌和喷灌两种灌溉系统。根据滴灌管（带）在土壤中的埋深，苜蓿滴灌系统可分为地下滴灌和浅埋式滴灌，多应用于新疆、甘肃、内蒙古等干旱半干旱地区。根据输配水管网的集成程度和工作特点，苜蓿喷灌系统可分为管道式喷灌系统和机组式喷灌系统。其中，圆形喷灌机在内蒙古、宁夏等苜蓿主产区应用广泛，是机组式喷灌系统的主要机型。

二、技术特点

（一）滴灌水肥一体化技术

苜蓿滴灌水肥一体化技术是利用滴灌系统，将水肥溶液稳定、均匀、定量地输送到苜蓿根区土壤，满足根系吸收水分和养分需求。一般地下滴灌使用壁厚大于0.4mm的滴灌带或者滴灌管，在土壤中埋深20～35cm，避免了农机具作业对滴灌管（带）可能造成的损害，使用寿命较长。同时，地下滴灌还可降低土壤紧实度，减少土壤板结，有利于根系生长。此外，地下滴灌在农机具作业以及苜蓿刈割晾晒过程中，能够对苜蓿进行灌溉，有利于苜蓿生长和快速返青。但是地下滴灌存在运行管理维护复杂、投资成本较高、苗期灌水困难等问题。浅埋式滴灌通常将滴灌带埋于土壤表层以下3～5cm，解决了苜蓿播种和苗期灌溉问题，运行管理简单，但是浅埋的滴灌带易受农机具作业损害，使用寿命较短，一般2～4年需要更换。图1给出了滴灌支管和毛管的埋深情况，图2给出了滴灌后土壤表层湿润状况。

图1 埋设的滴灌支管和毛管　　　　图2 滴灌后土壤表层湿润状况

应用滴灌水肥一体化技术，灌溉水质要求符合GB 5084—92《农田灌溉水质标准》。由于滴头流道仅有0.5～1.0mm，需要对灌溉水源进行严格的过滤处理，否则容易导致滴头堵塞，降低灌溉施肥均匀度。同时，滴灌系统还要安装必要的压力表、流量计或者水表等计量设施，以及排气阀、进气阀、减压阀等安全设施，需要进行定期的检查与维护，确保设备的正常运行。近年来，经过不断地实践与技术改进，苜蓿滴灌水肥一体化技术逐步得到了推广应用。

（二）喷灌水肥一体化技术

苜蓿喷灌水肥一体化技术是利用喷灌系统，通过喷头将水肥溶液均匀地喷洒至田间或苜蓿冠层，随后水肥溶液流到土壤表面，再运移分布在苜蓿主要根系附近，实现苜蓿根系或叶面吸肥。管道式喷灌系统作业时，铺于地表的输水支管、竖管、支架及喷头在一定程度上会妨碍农机具作业，田间管理时要特别注意。在刈割苜蓿前收回这些移动设备，到苜蓿干草清理干净后再重新铺放。

目前在规模化苜蓿种植区，应用机组式喷灌机灌溉苜蓿较广泛，主要有圆形喷灌机、卷盘式喷灌机和滚移式喷灌机，单台机组控制灌溉面积从几十亩到几百亩。其中，前两种喷灌机具有自走移动的特点，自动化程度较高，不会妨碍农机具作业。目前，圆形喷灌机灌溉苜蓿的推广发展速度很快，应用面积已超过100万亩。圆形喷灌机绕中心支点旋转，灌溉着圆形地块，其灌溉和施肥工作参数不同于其他灌溉方式，因此在技术内容中专门介绍。图3～图6给出了各种喷灌系统灌溉苜蓿的实际效果。

喷灌系统适合于不同地形条件和土壤类型，对灌溉水质要求不严，多数情况下不需要过滤处理；对于高含砂水源，只需进行沉淀或简单过滤处理后，即可用于喷灌。相比于滴灌系统，喷灌系统的运行维护管理简单，设备使用寿命长。

图 3　管道式喷灌系统工作场景　　图 4　圆形喷灌机工作场景

图 5　卷盘式喷灌机工作场景　　图 6　滚移式喷灌机工作场景

三、技术流程

实施水肥一体化技术之前，首先要建成合理设计、科学施工的高效节水灌溉系统，确保灌溉系统正常运行。其次要根据苜蓿种植年限、生育期以及土壤养分状况制定科学的灌溉施肥方案，注意结合灌水情况进行科学施肥，保证苜蓿水分、养分均能及时得到供应。在水肥一体化实施过程中，需要将固体肥料溶于储肥桶中，溶解、稀释后的肥水要混合均匀，再通过施肥设备将水肥液输送到灌溉管道内，最后由滴头或者喷头将肥液施入苜蓿有效根区或者叶面上。整体技术流程见图 7。

四、技术内容

（一）灌溉制度的确定

根据苜蓿种植区气候区域、建植年限、刈割次数、各生育期需水规律、土壤特性等参数来确定灌溉制度。灌溉制度主要参数包括灌水时间、灌水次数及灌水定额（每次灌溉的水量）等。对于播种期至苗期苜蓿，一般不宜过早灌溉，要求株高达到 5cm 以上才能灌水，灌水定额以 10～20mm 为宜。对于建植多年的苜蓿，第一茬返青灌水多在 4 月中旬或下旬开始。采用滴灌灌水时，

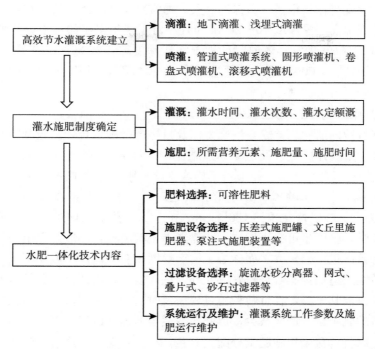

图 7　苜蓿水肥一体化技术流程

整个生长期内需灌水 10～20 次；一般在 4～6 月，灌水间隔以 10～12d 为宜；7～8 月，灌水间隔以 7～10d 为宜；9 月以 10～15d 为宜，灌水定额在 20～40mm；越冬水的灌水定额以 20～30mm 为宜。在气候干旱且采用地下滴灌的条件下，对于重壤土，已建植多年的紫花苜蓿每周需灌水 1 次，每次灌水相隔时间不得超过 7d，灌水定额为 20～35mm；对于轻壤土，每周需要灌水 2 次，每次灌水相隔不超过 4d，灌水定额为 10～20mm。采用喷灌灌水时，对于建植多年的苜蓿，东北和华北地区每年灌水次数一般为 7～15 次，西北地区一般为10～30 次，灌水定额以 20～45mm 为宜。

　　在有土壤水分监测条件的地区，灌水时间可根据土壤墒情确定。灌水定额可根据灌水上下限确定，其计算公式如下：

$$m = \frac{H(\theta_{\max} - \theta_{\min})}{\eta} \qquad (1)$$

　　式中，m 为灌水定额，单位为 mm；H 为土壤计划湿润层深度，单位为mm；$\theta_{\max}$ 为灌水上限，单位为%；$\theta_{\min}$ 为灌水下限，单位为%；η 为灌溉水利用系数，无量纲，滴灌系统取 0.9～0.95，当风速低于 3.4m/s 时，喷灌系统取 0.8～0.9，风速为 3.4～5.4m/s 时，喷灌系统取 0.7～0.8。其中，土壤计划湿润层深度与作物根系分布深度有关，通常对于建植当年的苜蓿，播种至苗期土壤计划湿润层深度取 10~20cm 为宜；对于建植多年的苜蓿，计划湿润层深度取 30~60cm 为宜，冬灌时计划湿润层深度取 50~80cm。苜蓿的灌水上限一般为 90%~100%FC，下限为 60%~70%FC，其中 FC 为田间持水量（单位为 cm^3/cm^3）。

（二）施肥制度的确定

根据苜蓿的需肥规律、土壤肥力以及目标产量确定合理的施肥制度，包括总施肥量、氮磷钾比例以及底肥、追肥比例。对于已成龄且茂盛生长的苜蓿，自身有根瘤进行共生固氮，一般可不施或少施氮肥，每公顷施纯氮总量约 10~50kg。若种植地土壤的磷钾并不十分缺乏时，一般施钾量在 90~270kg/hm² （K_2O）为宜，施磷量在 45~180kg/hm²（P_2O_5）范围内即可。当种植地土壤特别贫瘠时，施肥量可适当增加，并需考虑土壤类型，一般黏壤土条件下增施磷肥，苜蓿产量增幅较大，而砂壤土增产幅度相对较低。一般黏壤土不增施钾肥，而砂壤土追加钾肥效果较好。此外，钙、镁、硫以及硼、硅等营养元素对苜蓿生长也极其重要，在苜蓿种植过程需及时追加。采用水肥一体化施肥技术后，苜蓿的底肥量可适当减少，追肥次数适当增加，以保证养分能够及时有效利用。可以将苜蓿全年施肥量分配到每茬，在各茬返青期进行施肥，及时补充苜蓿刈割所带走的养分。采用喷灌水肥一体化施肥时，也可在现蕾期喷施少量氮肥或专用叶面肥，以提高苜蓿品质及叶绿素含量。

（三）肥料选择

水肥一体化技术中，肥料的选择应满足下列要求：①肥料养分含量高，水溶性好；②肥料的不溶物少，品质好，与灌溉水相互作用小；③肥料品种之间能相容，相互混合不发生沉淀；④肥料腐蚀性小，偏酸性为佳。依据上述原则，应用水肥一体化技术时，苜蓿施用的氮肥常采用尿素，磷肥常采用过磷酸钙或钙镁磷肥作为基肥施入，钾肥采用氯化钾、磷酸二氢钾或硫酸钾。也可采用市场上销售的苜蓿专用肥或叶面肥如黄腐酸钾肥、海藻叶面肥、液体有机硅肥等来补充苜蓿所需营养元素。同时要注意，补充微量元素肥料时，一般不能与磷肥同时使用，以免产生不溶性磷元素酸盐沉淀物而阻塞滴头。

（四）施肥设备选择

施肥设备性能直接影响水肥一体化施肥质量。选用施肥设备时应综合考虑灌溉方式、施肥浓度是否变化、施肥设备是否产生水头损失、自动化程度、投资成本等众多因素。目前，常用的施肥设备有压差式施肥罐、文丘里施肥器、泵注式施肥装置等。施肥设备可安装在滴灌或喷灌系统首部枢纽处，也可安装在田间灌溉小区进口处。

压差式施肥罐的成本低，操作简单，维护方便，占地少，但施肥过程中肥液浓度逐渐下降，产生的水头损失较大，不能实现自动化控制。此外，金属罐体锈蚀严重，罐口小，加肥不方便，而且施肥时要求储肥罐必须密闭。文丘里施肥器结构简单、造价低廉、操作方便、维护成本低，但吸取肥料时需要一定的工作压力，而且吸肥流量受工作压力波动较大，同时会产生较大的水头损失，约占工作压力的 50%。泵注式施肥装置利用电动机为动力，可将配置好的肥液加压后直接注入滴灌或喷灌系统的压力管道内，施肥浓度均匀，操作方便，不会产生水头损失，其核心部件是注肥泵。实质上，注肥泵的性能决定了施肥装置的工作性能，其工作特性具有小流量、高扬程的特点。目前，常用的注肥泵有离心泵、旋涡泵、喷射泵、柱塞泵、隔膜泵、螺杆泵等，均适合于各种滴灌或喷灌系统的水肥一体化应用，但是对于圆形喷灌机、卷盘式喷灌机等水肥一体化应用时，要使用柱塞泵或隔膜泵。图 8～图 15 为各种施肥设备。

图 8　压差式施肥灌　　图 9　文丘里施肥器　　图 10　离心泵　　图 11　旋涡泵

图 12　喷射泵　　图 13　柱塞泵 1　　图 14　柱塞泵 2　　图 15　柱塞泵 3

（五）过滤设备选择

过滤设备是滴灌系统必不可少的部件，主要用于去除灌溉水中有可能堵塞灌溉系统的固体杂质悬浮物。常见的过滤设备有网式过滤器、砂石过滤器、叠片过滤器和旋流水砂分离器（又称离心过滤器）。需要根据灌溉水质情况、灌溉方式和安装位置等，合理选配过滤设备，工程上常采用组合式过滤设备。对于含有砂粒的井水，滴灌系统首部枢纽可选用旋流水砂分离器作为一级过滤设备。对于，含有藻类、悬浮物和有机杂质等河渠、池塘、水库水，可选用砂石、叠片过滤器作为一级过滤设备。另外，首部枢纽的二级或者田间末级的过滤设备可以采用叠片或者网式过滤器。当灌溉水源含泥沙很细且较多时，可采用沉淀池进行预处理。为了防止固体肥料溶解后肥液中含有少量杂质堵塞滴头，一般要求在肥液注（吸）入灌溉管道的下游安装过滤设备。此外，为了防止肥液中杂质影响柱塞泵密封组件和隔膜泵膜片的使用寿命，建议在柱塞泵或隔膜泵的进液管安装网式或叠片过滤器。

为了确保过滤设备有效过滤，提高使用寿命，必须对其进行定期检查清洗。一般要求在过滤设备的进口和出口安装压力表，当压力差值大于 5m 时，必须进行手动清洗或者自动反冲洗。

（六）滴灌水肥一体化系统运行维护

1. 滴灌管（带）工作参数及田间布置

滴灌技术参数应符合 GB/T 17187—2009 要求。苜蓿地下滴灌系统中，滴灌管（带）通常采用内嵌式滴头，壁厚大于 0.4mm，滴头间距 30cm 为宜，布置间距可按"一管两行"或"一管四行"原则，以 60～100cm 为宜（偏砂性土壤取下限值，偏黏性土壤取上限值）。在浅埋式滴灌系统中，薄壁滴灌带较为常用，其滴头是通过在软管上打孔或热合出各种流道形成。滴灌带铺设间距通常在 60cm 左右，滴头流量通常在 1～3L/h 范围内较为适宜。图 16 给出了一管两行的苜蓿滴灌带田间布置模式，铺管机幅宽 3.6m，滴灌 12 行间距 30cm 的苜蓿，滴灌带间距 60cm，滴头间距 30cm，滴头流量 2.1L/h。滴灌系统运行过程中，需经常冲洗管路，避免滴头阻塞。

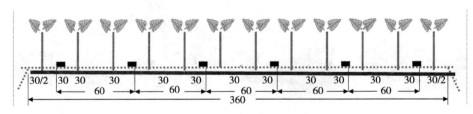

图 16　滴灌带田间布置模式（单位：cm）

2. 施肥运行维护

滴灌水肥一体化技术在实施过程中，正确安装、运行和维护是确保滴灌系统正常、安全、长期运行的关键。一般来说，滴灌系统安装试运行完成后，每周要对系统流量和压力进行检测，确保整个系统在苜蓿生长阶段都处于最佳运行状态。灌溉施肥过程中，通常采用"清水—水肥液—清水"的顺序，要根据苜蓿施肥量、灌溉面积、储肥桶容积、肥料溶解度等进行准确的配肥计算，确定三个阶段的工作时间以及相应的灌水或水肥液深度。通常施肥前，需滴灌30min 左右的清水，然后进行滴灌施肥，施肥结束后再灌清水 30min 左右，主要用于清洗施肥设备以及将各级管网内肥液完全排除，以防止滴头处有青苔、藻类及微生物等产生。滴灌系统需要定期清洗维护，应注意以下几方面：①在每个季节末，先冲洗支管，再冲洗集水管；②需频繁检测各个小区的流量和压力；③每个季节至少检查过滤和施肥系统 3 次，每灌溉 120 小时检查过滤器处理；④当停用较长时间后，再次使用前需进行系统冲洗；⑤当滴头出现生物堵塞时，可选择氯化处理或酸处理。

（七）喷灌水肥一体化系统运行维护

1. 圆形喷灌机灌水组件及工作参数

圆形喷灌机由中心支座、塔架车、末端悬臂和电控同步系统等部分组成。装有喷头的桁架支承在若干个塔架车上，各桁架彼此柔性连接，以适应坡地作业。根据苜蓿种植面积、供水流量等可确定圆形喷灌机的整机长度、入机流量以及喷头间距等参数。国内圆形喷灌机整机长度多数在 150～350m 范围，控制面积在 8～35hm²，所需入机流量在 60～170m³/h。当单井（泵）流量不能满足喷灌机组入机流量情况下，可通过多井（泵）汇合供水。目前，圆形喷灌机普遍安装低压喷头，主要有 Nelson 公司的 D3000、R3000 喷头，Senninger公司的 i-Wob、LDN 喷头，以及 Komet 公司的 KRT 喷头。为了确保所有低压喷头在某个相同压力下工作，建议每个低压喷头安装 10Psi、15Psi 或 20Psi的压力调节器。另外，为了灌溉地块四角，扩大灌溉面积，可在圆形喷灌机悬臂末端安装尾枪及增压泵。

圆形喷灌机实施水肥一体化技术时，需要配置泵注式施肥装置，包括注肥泵、储肥桶、搅拌器、连接附件等。为了防止机组灌溉水逆流进入储肥桶，在喷灌机肥液注入口处安装逆止阀或者专用注射喷嘴。确定苜蓿灌水量，需要已知机组的入机流量、机组长度、机组运行速度等，相关计算公式如下：

$$t = \frac{\pi L}{30kv} \tag{2}$$

式中：t 为机组转一圈需要的时间，单位为 h；L 为末端塔架到中心支轴的距离，单位为 m；k 为百分率计时器设定值，单位为％；v 为末端塔架的最大行走速度，单位为 m/min。

$$I = \frac{Qt\eta}{10A} \tag{3}$$

式中，I 为灌水深度，单位为 mm；Q 为入机流量，单位为 m³/h；t 为机组转一圈需要的时间，单位为 h；A 为机组灌溉面积，单位为 hm^2。

根据上述公式可计算不同百分率计时器设定值下机组的灌水深度。若已知所需的灌水量，根据上述关系反算出百分率计时器所需设定的值，从而完成灌溉。

2. 圆形喷灌机注肥工作参数

采用圆形喷灌机进行水肥一体化作业时，需要确定的注肥工作参数，主要包括注肥泵流量、储肥桶原水肥液体积、百分率计时器设定值等。圆形喷灌机配置注肥泵的最大流量在 300～1 000L/h 范围内，一般将注肥泵流量调至最大值，也可根据施肥面积、施肥量等参数进行调整。建议每次施肥前，测定注肥泵的实际工作流量，以准确计算其他工作参数。

注肥时，将肥料溶于储肥桶中，储肥桶容积为 1 000～2 000L。注肥桶混合均匀的水肥液总体积需要根据施肥总量、肥料溶解度来确定，同时也需根据施肥时所需的灌水量进行调整。百分率计时器设定值的确定与施肥所需时间、机组最快运行速度及所需灌水量有关。通常为了加快施肥速度，可先进行喷肥，然后再灌水，可将百分率计时器设定值尽量取大些，使机组运行速度快些。下面给出某圆形喷灌机注肥工作参数的计算案例，以供参考。

圆形喷灌机灌溉面积为 $15hm^2$ 的苜蓿种植区，需要施入 $100kg/hm^2$ 的尿素。采用的注肥泵流量为 300L/h，储肥桶容积为 2 000L，喷灌机入机流量为 $60m^3/h$。圆形喷灌机百分率计时器为 100% 行走时，运行一圈所需时间为 6.1h。肥料最大溶解度采用特定温度下该肥料的最大溶解度乘以安全系数 0.8，通常采用尿素在 10℃时的最大溶解度 0.85kg/L 进行计算。

整个苜蓿种植区需要施入尿素总量为：

$$15hm^2 \times 100kg/hm^2 = 1\ 500kg$$

按最大溶解度将肥料溶于储肥桶中，所需的肥液体积为：

$$1\ 500kg \div (0.85kg/L \times 0.8) = 2\ 206L$$

因此一桶肥液不能将肥料完全施完，需要平均配置两桶，每桶配置 1 103 L 肥液。则施完一桶肥所需时间为：

$$2\ 206L \div 300L/h = 7.35h$$

施肥所需时间大于喷灌机按设定值 100% 行走一圈所需时间，因而将百分率计时器设定值调整为：

$$6.1h \div 7.35h = 83\%$$

喷灌机施肥运行一圈后，喷洒的水肥液深度可计算为：

$$\frac{(60m^3/h + 300L/h \div 1\ 000) \times 7.35h}{15hm^2 \times 10\ 000} \times 1\ 000 = 2.95mm$$

此算例中喷洒肥液深度为 2.95mm。

3. 喷灌施肥运行维护

喷灌水肥一体化应用中，施肥应与灌水同期进行。当喷洒水肥液供苜蓿根系吸收利用时，一般喷洒肥液深度通常小于所需灌水定额，该情况下有两种运行方案可供选择：①先喷洒水肥液，后灌清水，此方案需储肥桶中肥液浓度尽量大，以减少所需喷施的水肥液体积，用较短时间施完肥液。施肥结束后，继续灌清水以满足苜蓿水分需求。②降低储肥桶中配制肥液浓度，增加需喷施的水肥液体积，延长施肥时间，使施肥时间与所需灌水时间相同，实现同时满足苜蓿水肥需求，无需再灌清水。需要注意的是，如果按肥料最大溶解度计算出的喷洒水肥液深度仍大于苜蓿所需灌水定额，则可分多次施肥或者根据实际情况延迟施肥时间，避免灌水过多，造成水分及养分流失。当喷洒肥液作为叶面肥使用时，建议圆形喷灌机行走速度以 $80\% \sim 100\%$ 为佳，结束后无需灌清水。此外，为避免肥液腐蚀注肥系统，每次施肥结束后需清洗注肥泵、储肥桶及连接附件，使注肥泵清水运行 15min 左右。注肥泵每次使用前需进行检测与保养维护，检测各部件工作状况，保证施肥期间能正常运行。

五、注意事项

（1）本技术所使用肥料必须为可溶性肥料，以防滴头、喷头等部件阻塞；

（2）滴灌水肥一体化技术中，每年苜蓿生长期内需要冲洗滴头 $1 \sim 2$ 次，要定期检查滴灌系统，发现问题及时维修，确保系统正常运行，避免滴头堵塞，影响灌溉施肥；

（3）喷灌水肥一体化技术中，喷洒水肥液直接喷洒到苜蓿叶片及茎秆上，为防止灼伤叶片，喷洒肥液浓度不能超过最大值，其中喷洒尿素肥液时其质量浓度应小于 0.4%；

（4）喷灌施肥时应选择光照辐射与风速较小、湿度较大的早晚进行，避开中午或午后时间，减少肥料蒸发漂移损失；

（5）在多风地区，可选择夜间喷灌，避免受风影响，提高喷洒水利用系数。

（严海军、王云玲、李茂娜、孟洋洋）

西北内陆干旱区苜蓿苇状羊茅
混播草地建植技术

一、技术概况

混播是指在草地建植过程中播种两种或两种以上牧草。混播技术在栽培草地建植过程中应用非常广泛，该技术适应性强，尤其在干旱、盐渍化、石漠化等环境受限地区，其特点是经济实用，有利用草地建植中牧草成活，能提高群落稳定性，降低病虫害发生导致的风险，改良土壤盐渍化，增加土地利用强度。具体技术要点需要依据不同栽培牧草品种和不同栽培草地建植区域等影响因素来综合确定。

由于气候条件的影响，土壤盐碱化是干旱区的主要特征，也是制约该区域社会生产力和经济发展的主要因素，尤其在西北内陆干旱区，直接危害区域内的牧草生产。土壤盐碱化是指土壤含盐量过高（超过 0.3%）而导致土地利用过程中农作物低产或不能生长。形成土壤盐碱主要是因为气候干旱、地下水位高于临界水位或者地势低洼，地表水分无法排出。地下水都含有一定的盐分，由于干旱环境中蒸发导致地下水经毛细作用上升到地表后水蒸发后，留下盐分，随着土壤含盐量逐渐增加，形成盐碱土，导致土壤盐碱化。盐渍化分两类：原生盐渍化和次生盐渍化。原生盐渍化对土地利用的危害小，主要的危害是次生盐渍化。不同区域不同气候条件下的不同类型盐渍土水盐运动的规律有所不同，防治方式就不同因为区域的空间变异性大，直接受作物、土壤、气候的影响，区域与区域之间的差异也很显著。因此，在盐渍化土地利用时，要因地制宜，以防为主。

本技术基于对盐碱化土地进行改良和可持续利用的目标，在西北内陆干旱区盐渍化土地上建植一种多年生混播草地，提高了土地的利用率，从根本上解决盐渍化对土地的危害。

二、技术特点

(一) 适用范围

该技术适用于降水在 200mm 以下具有灌溉条件的西北内陆干旱区。一般要求地势较高，相对平坦开阔、土层厚度大于 30cm、肥力中等、相对集中连片、交通方便的重度退化草地、撂荒地或其他宜翻耕作业的草地。

（二）技术优势

（1）草地利用方式灵活多样，可刈割，可放牧。

（2）该混播草地可改良干旱区的盐碱化土地。

（3）该项技术可提高土地利用效率。

三、技术流程

该技术流程涉及牧草生产的整个流程，包括播种前的土地整理、盐渍化土壤改良、牧草播种、混播草地的田间管理和牧草收获和加工利用（图1）。

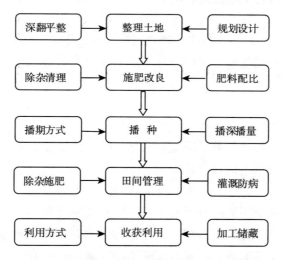

图1　苜蓿苇状羊茅混播草地建植技术流程

四、技术内容

（一）土地整地

（1）对盐碱化程度较高的土地进行整理平整。使用推土机或者平地机将待种土地进行平整，一般要求地块面积 50 亩为宜。一方面有利用机械化作业；另一方面，方便利用，可进行栽培草地轮牧设计，也可对栽培草地进行刈割利用，平整要求土地坡度不能超过 0.3%。

（2）深耕，在种植前一年秋季进行，土地翻耕前，清除地面的石块等杂物，然后用高效、低毒、低残留的灭生型除草剂全面喷洒地面，视杂草群落结构用药。当所有植株明显出现药效后，使用大型拖拉机对所有待种土地进行深翻作业，作业深度大于 40cm 为佳，深耕土壤有利于墒水保肥熟化土壤，以调节土壤的水、肥、气、热以及微生物的平衡。

（二）施肥

1. 施有机肥

有机肥可优化土壤条件，促进土壤养分的有效化，提高土壤的保肥供肥性和酸碱缓冲性，提供植物生长所需的矿质养分。针对不同牧草对种植环境的要求，一般在播种前一年的秋冬季节，对部分盐渍化较重的土地进行运沙改土，增加土壤通透性，能保证牧草种子受水均匀，防止次生盐渍化。同时视土壤肥力情况，施腐熟牛羊粪 $7.5\sim15t/hm^2$ 或氮磷钾复合肥 $150\sim225kg/hm^2$ 作基肥，然后用旋耕机把土壤翻耕、耙平。

2. 施底肥

在播种前 $3\sim5d$，先施播底肥磷酸二铵 $300kg/hm^2$。施播方式有撒播或条播。撒播后需用耙耱处理，保证肥料入土 5cm 左右；条播用播种机进行施工，播深 5cm 为宜。

（三）播种

1. 对种子要求

本技术中使用的牧草种子质量要求是：必须经过有正规资质的牧草种子检验机构确定的二级以上的牧草种子。

2. 种子处理

依据播种方式对不同的种子的进行不同方式的处理，撒播对种子质量小的种子需要进行掺沙（土）等处理；机械播种需要对带芒的种子进行脱芒处理，可采取日晒待芒干脆时进行适时碾压断芒的方法，也可用脱芒机脱芒。对硬实种子进行浸泡、酸烧、催芽等必要的破除硬实处理。

3. 播种期

在西北内陆干旱区，播种时间有春播和秋播两种。春播一般在 3 月下旬—4 月下旬，当地温达到 10℃ 左右即可播种；秋播建议在 8 月中旬至 9 月初，保证牧草有 2 个月的生长季。

4. 播种方式

可撒播，亦可条播。以条播为佳，行距 $20\sim40cm$。坡地（$<25°$）条播，其行向须与坡地等高线平行。

豆禾混播牧草常有苇状羊茅、老芒麦、中华羊茅、草地早熟禾、紫花苜蓿等多年生牧草混播；紫花苜蓿亦可与燕麦、油菜等生长速度快的一年生牧草混播，以提高草地播种当年的牧草产量。本区域以苜蓿和苇状羊茅混播为佳。

5. 播种量

播种量苇状羊茅 0.7～1.0kg/亩；苜蓿为 0.10～0.25kg/亩。

6. 播种作业

播种前，可以把地灌透，待地表稍干，能进行机械作业时，用圆盘耙进行松土，然后用播种机进行条播，播后覆土 1～2cm，有条件时宜适当镇压。

（四）田间管理

1. 杂草防除

栽培草地播种当年，苇状羊茅和苜蓿生长缓慢，杂草严重，主要有多年生的禾本科如芦苇冰草和一年生的灰条等，建议人工拔除。或者通过刈割减弱杂草的生长，或通过灌溉地下水减少一年生杂草的种子来源。栽培第二年和以后，苜蓿和苇状羊茅逐渐占到优势，杂草随之减少，并可通过放牧、刈割、打草等方式进行除杂。

2. 灌水和施肥

最好使用喷灌设施，出苗一般在 7～15d，出苗期间，可根据天气情况和土壤含水情况适当湿润土地，保证出苗整齐。但出苗整齐，长势旺盛，浇灌头水，灌水量在 80～120m³/亩，同时追施尿素，施肥量 10～15kg/亩。头水灌后，基本 25～30d 浇灌第二次水，依次 30～40d，灌三水和四水，然后直接到 11 月上旬灌冬水。第二年，4 月上旬灌第一次水，保证顺利返青，灌水前施播磷酸二铵和尿素各 5～10kg/亩。5 月中旬灌水后至 6 月下旬首刈割第一茬，刈割后立即灌水并施尿素 10kg/亩。依次，每割一茬，灌水施肥一次。过了生长季，冬季来临之前，每年的 11 月前后灌冬水一次。

3. 病虫害防治

牧草病虫害防治以坚持"预防为主，综合防治"的原则，通过虫卵越冬情况调查和牧草病株检疫。一旦出现大规模病虫害时，必须迅速处理，全部采用生物制剂、植物源农药、物理防控和生态治理等低毒、低残留绿色防控手段进行控制。本项技术中混播草地常见的病害主要发生在苜蓿上，常见的病害主要有锈病、霜霉病、褐斑病、炭疽病、黄斑病等。

（1）苜蓿锈病。发病后，苜蓿叶片及根茎出现圆形的病斑，面积小且密集，其颜色从灰绿色逐渐变为铁锈色，导致叶片逐渐枯黄，并提前脱落。可用 1∶7 吡唑醚菌酯和百菌清、波尔多液、代森锰锌、粉锈宁等防治。

（2）苜蓿霜霉病。发病后，叶片出现不规则褪绿斑，淡绿色或黄绿色，潮湿时叶背出现灰白色至淡紫色霉层。严重时，植株大量落花、落荚，叶片变黄枯死。可用波尔多液、甲霜灵锰锌、百菌清、代森锰锌等药剂进行防治。

（3）苜蓿褐斑病。牧草患褐斑病后，叶片出现褐色的不规则圆点，后叶片逐渐脱落，该病主要是湿度过高引起的，一般出现在夏季。可用使用代森锰锌、百菌清、多菌灵等进行防治。

（4）苜蓿炭疽病。苜蓿患炭疽病后，感病植株的茎上，出现大的卵圆形至菱形病斑，大病斑稻草黄色，具褐色边缘。可用退菌特、多福混剂、代森铸、多菌灵、敌菌灵、百菌清等防治。

（5）苜蓿黄斑病。苜蓿黄斑病主要发生在叶片上，叶柄和茎上也有发生。感病的叶片最初有褪绿的小病斑，随后扩大为褪绿条斑，继而变为淡黄色或橙色大病斑，病斑扩展常受叶脉限制，呈扇形或沿叶脉呈条状，有时也稍呈圆形，病斑上可见许多小黑点。可用使用代森锰锌、百菌清、多菌灵等进行防治。

（五）收获与利用

栽培草地当年利用率极低，只有等到生长季结束、冬季封冻时进行轻度放牧利用，只能放牧绵羊，切勿放牧山羊或者其他大家畜，以免影响来年返青。

第二年后，栽培草地一般在苜蓿盛花期进行刈割利用，刈割时留茬 5cm 左右，风干，打成草捆、晾晒成青干草或调制成青贮料贮藏，用于冬季补饲；也可进行放牧利用，待牧草长至 15～20cm 时直接放牧利用，放牧时留茬高度一般在 8cm 左右。

（常生华、侯扶江）

长江中下游地区桂牧1号杂交象草繁育技术

一、技术概述

桂牧1号杂交象草适应性极强，耐瘠、耐旱、抗寒，产量高、品质优，是南方省区推广的重要优良品种之一。但是，象草原产于热带，无种子生产，在生产上主要采用种茎进行无性繁殖。而在长江中下游地区生产应用中普遍存在种茎贮藏质量难以保证和种茎栽植易受到天气、土地及栽植操作技术的影响，造成种植地出苗不齐或严重缺苗等许多问题，严重影响种植和生产推广应用。桂牧1号象草种茎生产贮藏与集中培苗繁育技术，能较好地解决种茎贮藏难和种茎种植问题，对桂牧1号象草推广应用意义重大。

二、技术特点

长江中下游地区桂牧1号象草繁育技术，简单易行，可操作性强，不需要特定条件和增加特别设施、设备，种植户便利掌握和使用，切合生产实际需要。本技术适用于长江中下游的中亚热带地区，适用于与桂牧1号象草特性相当的王草、矮象草、甜象草、紫象草、杂交狼尾草等。技术生产效益显著，种茎利用率提高32.6%，每亩可节省种茎成本约130元；种茎生产、种苗培育每亩收益可达14 720元。

三、技术流程

见图1。

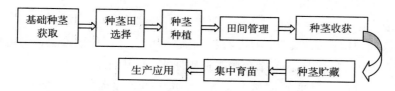

图1　长江中下游地区桂牧1号杂交象草繁育技术流程

四、技术内容

(一) 基础种茎获取

桂牧1号象草的繁殖，使用的基础种茎必须由原种基地提供，或由繁育基地通过引种保存；繁育基地必须注重做好基础种茎的保存。

(二) 种茎田选择

1. 要求

桂牧1号象草种茎生产，应选择开阔、通风、光照充足、土层深厚、土壤肥沃、排水良好、杂草少的地块。

为防品种混杂，同一基地内如果生产其他象草或类似品种，不同品种生产田间隔必须相隔50m以上。

2. 整地

对种茎田进行机械翻耕、平整，清除杂草；根据土壤肥力条件，每亩施有机肥（畜粪）3 000～6 000kg作基肥。

(三) 种茎种植

1. 种苗品质检查与清选

种植前，应认真检查种苗品质，选择健壮、生命力强、发苗整齐的健康种苗。

2. 栽植方式

采用单株（单节苗）栽植方式。

3. 栽植方法

按行距80～90cm开沟，沟深10～15cm；按株距60～70cm定植。

4. 定植密度

每亩1 300～1 600株。

5. 栽植时间

3月中旬至5月中旬。

(四) 田间管理

1. 施肥

桂牧1号象草定植返青后，重施早施分蘖肥，每亩追施尿素10～15kg或浇施沼液1 500～2 000kg。

生长期视植株长势、刈割后及夏季高温干旱天气，分期追肥，每亩每次浇施沼液1 500～2 000kg，或结合灌溉追施尿素8～10kg。

种茎收获后，每亩施用畜粪5 000～8 000kg覆盖根蔸，保护宿根安全越冬。

2. 除杂

春季杂草多，桂牧 1 号象草苗期（返青期）发现田间杂草危害，要进行 1～2 次中耕锄杂。

生长期间注意清除异株植物，控制杂类植物侵入，保持田间纯净度。

（五）种茎收获

1. 收获时间

一般可在 6 月下旬前收割一茬鲜草后留种，有利于保持种茎生长整齐度，提高种茎产量质量。

种茎在 11 月下旬至 12 月上旬见初霜日开始，1～3d 及时将种茎收割。

2. 收割要求

选择收割茎秆纤维程度高、粗壮高大、健康的植株，剔除弱小、幼嫩植株，用于养殖利用。刈割留茬高度 5～8cm。

（六）种茎贮藏

1. 贮藏窖位置选择

选择地势较高、不积水、背风向阳的南边斜坡。

2. 贮藏窖要求

贮藏窖宽度 3～3.5m，长度依种茎数量而定。铲出表层 30～40cm 深度的土壤，堆放窖边，待用于盖种。

窖四周开好排水沟，防止雨水渗透。

3. 种茎入窖

种茎收割后直接入窖贮藏。

将收割的种茎按一致顺序排放入窖，尽力做到种茎基部紧靠窖壁与土壤接触。

种茎堆放厚度以 50～70cm 为宜，种茎表面可先盖一层稍叶或稻草，再用土覆盖，盖土厚度 5～10cm。

4. 贮藏期管理

窖贮完成后，应根据天气状况随时检查窖藏情况。严重渗水时，应及时覆土；天气长时间干燥，应洒水浇湿覆盖土壤，确保覆盖种茎的土壤有一定的湿度，防止种茎干燥失水，影响活力；遇严冬，可用薄膜覆盖窖面，以提高防冻效果，气温回升要及时揭开薄膜；开春后，气温升高稳定达 15℃以上时，耙薄覆盖土，避免高温烧窖。

（七）集中育苗

1. 育苗时间

3 月初或气温达到 10℃以上时起窖，进行育苗。

2. 苗床地选择

选择耕作便利、土质疏松、肥沃的土地作为苗床地。

3. 苗床整理

亩施 2 000～3 000kg 畜粪作基肥；整细耙平；按畦宽 150cm、沟距 30cm 起垄做畦。

4. 种茎处理

起窖后，检查种茎质量，保存质量好的种茎保持新鲜、青绿状态，节芽完整、无霉变，茎节韧性度好。

选择质量可靠的种茎，利用铡刀或砍刀，从节间切割，将种茎分切成 3～5 节一段。

5. 密植育苗

将切割好的种茎按间距 2～3cm 密集排放到苗床地，并覆盖细土 3～5cm，完成后洒水浇透土壤，再用地膜覆盖。

6. 培苗管理

种茎节发苗达 70% 以上后，揭去地膜，亩撒施尿素 6～8kg（雨后或潮湿土壤中），或浇施沼液 500～1 000kg（土壤干燥时）。

幼苗生长到 10～15cm 高度时，即可起苗进行大田移栽，应用于生产。

五、成本效益分析

（一）种茎生产效益

1. 成本：5 280 元/亩

土地租赁费：200 元/亩（中等肥力、旱地）。

施有机肥：1 120 元/亩（每亩施用 6t，拖运、人工撒施）。

土地翻耕整地：400 元/亩（翻耕、旋耕、平整）。

种　苗：200 元/亩（原种 1 000 元、生产利用 5 年分摊）。

种植、管理人工费：500 元/亩。

复合肥：60 元/亩（施 3 次 30kg、2 元/kg）。

灌溉水电费：100 元/亩。

种茎收割、运费：400 元/亩。

种茎贮藏人工费：300 元/亩。

苗床地整理：800 元/亩（2 亩、翻耕、旋耕、平整）。

育苗人工费：1 200 元/亩。

2. 收益：20 000 元

培育种苗 4 万棵，单价 0.5 元/棵。

3. 利润：14 720 元

20 000 元/亩－5 280 元/亩＝14 720 元/亩

（二）技术应用对比效益

（1）采用集中培苗移栽相比直接利用种茎种植，种茎利用率（种茎发苗率）提高 32.6%。按每亩种茎用量 200kg、单价 2 元/kg 计，种植户育苗移栽可节约种茎成本 130.4 元/亩。

（2）应用集中培苗移栽，一次全苗，正常生产。采用常规直接利用种茎种植，正常情况下全苗率 70% 左右，补种 1 次增加成本 200 元/亩；如果不补种，至少前两茬草产量低 30%，以亩产鲜草 8 000kg 计，损失产量 2 400kg/亩，减少收入 624 元/亩。如遇干旱天气或种植质量不到位以及种茎质量问题，出苗率会更低，甚至严重影响生产。

（于徐根、甘兴华、戴征煌、徐桂花、谢永忠、刘水华、黄栋）

饲用小黑麦与青贮玉米
节水增效复种技术

一、技术概述

河北省平原农区是规模化奶牛养殖的主要区域，占该省畜牧业总产值的80%。2015年奶牛存栏280万头，奶牛存栏量和总产奶量已跃居全国第3位。目前，奶牛养殖过程中存在的主要问题是奶单产和品质均较低。奶单产仅为世界平均水平的60%，为发达国家的30%左右。优质饲草供应缺乏，奶牛饲草饲料结构不合理是导致这一问题的主要原因。优质饲草是奶业持续高效发展的支撑，已在业内外形成共识，发展牧草产业成为必然。

饲用小黑麦是优良的禾本科牧草，作为冬春饲料作物，适合低温生长，整个冬季保持青绿，在枯草季节为奶牛提供能量和蛋白质含量高、维生素丰富的青绿饲料。青贮玉米营养成分全面、适口性好、能够提高奶牛泌乳量和改善奶质，是发展畜牧业不可或缺的基础饲料之一。随着我国草牧业转型以及国家政策导向作用，青贮玉米的种植面积不断扩大。青贮玉米收获后，为了进一步提高土地利用效率，增加农民收益，可以在青贮玉米收获后复种饲用小黑麦，以提高土地资源的综合利用率，形成一年两作、全年生产优质饲草的种植模式，集约化饲草生产管理对推动河北省草牧业转型升级，提高水、土资源生产水平，促进草地畜牧业持续发展意义重大。

二、技术特点

(一) 适用范围

适用于我国黄淮海平原区。

(二) 经济效益比传统生产模式高，生态效益显著

1. 经济效益

饲用小黑麦与青贮玉米高效节水复种模式比冬小麦夏玉米一年两作种植模式总投入减少 2 452.5 元/hm²，总产出降低 960 元/hm²，纯收入提高 1 492.5 元/hm²。田间管理费用收支见表1。

2. 节水、肥、药

饲用小黑麦与青贮玉米高效节水复种模式全生育期较冬小麦夏玉米一年两作种植模式节水 1～2 次，每公顷节水 750～1 500m³，节省投入 375～750 元。与冬小麦相比，肥料节省 50%，每公顷节省投入 1 275 元。小黑麦生长期间无需农药防治病虫害，每公顷节约投入 278 元。每公顷共计节省投入 1 928～2 303 元。

3. 生态效益

饲用小黑麦生长不需喷施农药，并减少了化肥使用，可减轻对环境的污染。由于饲用小黑麦是越冬性饲草，对整个冬季地表覆盖度好，能有效地阻止裸地的扬尘，具有较好的生态效益。

三、技术流程

本复种模式关键点在于合理安排两种作物茬口衔接问题，既保证两种作物能够正常生长，又能提高光热资源利用率。针对不同地区推广饲用小黑麦与青贮玉米复种，提出以下茬口衔接关键技术，确保该技术能顺利实施。

冬小麦、夏玉米一年两作、积温充足地区，用饲用小黑麦替代冬小麦，用青贮玉米替代夏玉米形成的复种技术。冬小麦、夏玉米一年两作、积温不足，一年一作有余地区，在保证青贮玉米正常生长条件下，增加一茬饲用小黑麦，形成一年两作复种。复种技术流程见图 1。

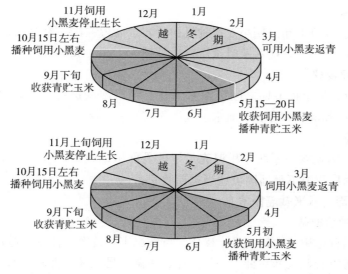

图 1　复种技术流程图（上：积温充足地区；下：积温不足地区）
注：图中浅色代表饲用小黑麦生长期，深色代表青贮玉米生长期。

四、技术内容

(一) 饲用小黑麦栽培技术

主要参照河北省地方标准 DB13/T 2188—2015《饲用小黑麦栽培技术规程》执行。

1. 种子准备

选用国家或省级审定的冬性饲用小黑麦品种,种子质量符合 GB/T 6142—2008 规定。播前将种子晾晒 1~2d,每天翻动 2~3 次。地下虫害易发区可使用药剂拌种或种子包衣进行防治,采用甲基辛硫磷拌种防治蛴螬、蝼蛄等地下害虫。

2. 整地造墒

一年两作、积温充足地区整地造墒按照 DB13/T 2188—2015 规定实施。一年两作积温不足地区,饲用小黑麦的造墒水提前在青贮玉米刈割前 10~15d 灌溉,墒情合适后及时刈割青贮玉米,立即整地播种饲用小黑麦,结合整地施足基肥。肥料的使用符合 NY/T 496—2010 的规定。有机肥可在上茬作物收获后施入,并及时深耕;化肥应于播种前,结合地块旋耕施用。化肥施用量:氮($105~120kg/hm^2$)、五氧化二磷($90~135kg/hm^2$)、氧化钾($30~37.5kg/hm^2$)。施用有机肥的地块增施腐熟有机肥 $45~60m^3/hm^2$。实施秸秆还田地块增施化肥 N $30~60kg/hm^2$。

3. 播种

一般在 10 月上旬采用小麦播种机播种,条播为主,行距 18~20cm,播种深度控制在 3~4cm,播后及时镇压。播种量为 $150kg/hm^2$。

4. 田间管理

春季返青期至拔节期之间需灌水 1 次,结合灌溉进行追肥。每次灌水量 $450~675m^3/hm^2$。结合春季灌水追施尿素 $300~375kg/hm^2$。

5. 收获

饲用小黑麦在一年两作积温充足地区乳熟中期收获,一般在 5 月 15—20 日;一年两作积温不足地区可适当提前收获。

(二) 青贮玉米栽培技术

1. 播种前准备

(1) 品种选用。选择高产、优质、抗病虫害、抗倒伏性强,适宜当地种植的国审或省审青贮玉米品种。一年两作、积温充足地区,青贮玉米品种应选择生育期在 105~110d 的品种;一年两作、积温不足地区,应选择生育期短于 105d 的早熟或中熟品种。

（2）种子质量。种子质量应符合 GB/T 6142—2008 中规定的一级指标要求。

（3）种子处理。宜选用玉米专用种衣剂，种子包衣所使用的种衣剂应符合 GB/T 15671—2009 规定。

（4）播前整地。饲用小黑麦收获后免耕播种青贮玉米，播后依据墒情决定是否灌水。

（5）种肥施用。根据土壤肥力和品种需肥特点平衡施肥。一般情况下整个生育期每公顷施氮肥（纯氮）150～195kg，磷肥（P_2O_5）75～112.5kg，钾肥（K_2O）60～75kg。其中，磷钾肥随播种一次性施入，氮肥40%作为种肥随播种施入，60%作为追肥拔节期施入。施肥时应保证种、肥分开，以免烧苗。肥料使用符合 NY/T 496—2010 的规定。

2. 播种技术

（1）播种期。一年两作积温充足地区收获饲用小黑麦后直接播种青贮玉米；一年两作积温不足地区按照夏播玉米播种时间进行。

（2）播种方式。单粒播种，采用播种机械进行。

（3）播种量与种植密度。行距 60cm，株距 20～25cm，每亩留苗 4 500～5 500 株。

3. 播后管理

（1）播后灌溉。收获饲用小黑麦后直接播种的青贮玉米，视墒情进行及时灌溉，每公顷灌水量 600～750m³。

（2）杂草防除。播种时喷施苗前除草剂防治杂草，或在青贮玉米 3～5 叶期，及时喷施苗后除草剂。药剂使用方法和剂量按照药剂使用说明进行。

（3）追肥。每公顷追施纯氮 N：90～117kg。追肥在拔节期一次进行。施肥后视墒情及时灌溉。

（4）抽穗期灌溉。结合当地的降雨、墒情适时灌溉，每公顷灌水量 600～750m³。

（5）病虫害防治。虫害主要有蓟马、玉米螟等。病害主要有叶斑病、茎腐病、粗缩病等。药剂使用应符合 GB/T 8321.1—7 的规定。

4. 收获技术

（1）刈割时期。通过观察籽粒乳线位置确定收获时间。收获期，宜在籽粒乳线位置达到50%时收获。应在每年 10 月 1 日前收获完毕。

（2）刈割方式。将玉米的茎秆、果穗等地上部分全株刈割，并切碎青贮。刈割时留茬高度不得低于 15cm，避免将地面泥土带到饲草中。

5. 贮藏

青贮玉米收割后及时青贮。

五、经济效益分析

表 1　本技术模式与传统种植模式的经济效益比较

项目			冬小麦—夏玉米一年两作模式		小黑麦—青贮玉米一年两作模式	
			冬小麦	夏玉米	饲用小黑麦	青贮玉米
投入	种子费（元/hm²）		1 050	600	1 050	750
	灌水量	m³/hm²	2 700	1 800	1 500	1 800
		元/hm²	1 350	900	900	900
	施肥量	kg/hm²	复合肥（N∶P∶K＝15∶15∶15）750kg 尿素（N∶46.4%）450kg	复合肥（N∶P∶K＝15∶15∶15）750kg 尿素（N∶46.4%）300kg	复合肥（N∶P∶K＝15∶15∶15）375kg 尿素（N∶46.4%）300kg	复合肥（N∶P∶K＝15∶15∶15）750kg 尿素（N∶46.4%）300kg
		元/hm²	2 850	2 550	1 575	2 550
	农药使用情况		杀虫杀菌剂480 元/hm²、除草剂22.5 元/hm²	杀虫杀菌剂225 元/hm²、除草剂75 元/hm²	防治地下害虫225 元/hm²	杀虫杀菌剂225 元/hm²、除草剂75 元/hm²
	机械费（元/hm²）		2 100	2 250	2 100	2 250
	人工费（元/hm²）		1 500	750	900	750
	总投入（元/hm²）		9 352.5	7 350	6 750	7 500
	合计总投入（元/hm²）		16 702.5		14 250	
产量（kg/hm²）			7 500	9 000	折干草 12 750	折干草 18 000
价格（元/kg）			2.36	1.76	1.2	0.96
产出（元/hm²）			17 700	15 840	15 300	17 280
合计总产出（元/hm²）			33 540		32 580	
纯收入（元/hm²）			16 837.5		18 330	

六、　引用标准

（1）GB/T 6142—2008 禾本科草种子质量分级；

（2）DB 13/T 2188—2015 饲用小黑麦栽培技术规程；

（3）NY/T 496—2010 肥料合理使用准则　通则；

（4）GB 4285—1989 农药安全使用标准；

（5）GB/T 8321.1 农药合理使用准则（一）；

（6）GB/T 8321.2 农药合理使用准则（二）；

（7）GB/T 8321.3 农药合理使用准则（三）；

（8）GB/T 8321.4 农药合理使用准则（四）；

（9）GB/T 8321.5 农药合理使用准则（五）；

（10）GB/T 8321.6 农药合理使用准则（六）；

（11）GB/T 8321.7 农药合理使用准则（七）；

（12）GB/T 15671—2009 农作物薄膜包衣种子技术条件。

（游永亮、李源、赵海明、武瑞鑫、刘贵波）

光叶紫花苕病害绿色防控技术

一、技术概述

随着光叶紫花苕种植面积的增加，光叶紫花苕病害不断发生。据调查，光叶紫花苕发生的主要病害有白粉病（*Leveillula leguminosarum*）、斑枯病（*Fusarium equiseti*）和叶斑病（*Septoria medicaginis*）等，对牧草品质、产量造成一定的影响。光叶紫花苕叶斑病在喜德县、布拖县和昭觉县发生较多，一般发病率在 17%～33%，个别地块可达 65% 以上；光叶紫花苕白粉病在凉山州盐源县发生较重，发病率达 38%，其余地区发病率在 6%～22%；光叶紫花苕斑枯病主要发生于喜德县和布拖县，发病率在 20% 左右。据统计，光叶紫花苕每年因各种病害造成的损失约占总产量的 10%～30%。传统农药防治会产生残留，污染环境，影响牧草品质，且使部分病害产生抗药性。

本技术贯彻"绿色植保"理念，基于病害发病特点，提出防治技术流程，阐述了有关术语、病情调查、病害诊断、防治对策等内容，规范各地开展光叶紫花苕病害防治。

二、技术特点

（一）适用范围

适用于四川攀西地区、云南北部的光叶紫花苕主要病害防治。

（二）技术优势

采用业主和植保专家或技术人员病害调查、诊断相结合的光叶紫花苕病害调查技术，利用发病率和严重度两个主要病害指标，准确掌握病害对光叶紫花苕的危害程度，采用"预防为先，生态防治为主"的病害防治方针，规范光叶紫花苕病害防治技术，实施病害有效防治，正确指导植保技术人员和农牧民进行科学监测与防治，提高光叶紫花苕病害调查和防控技术水平。

三、技术流程

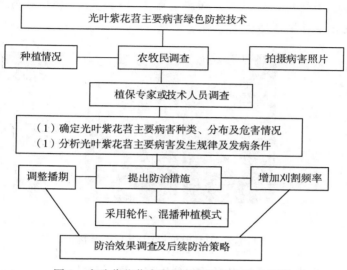

图 1　光叶紫花苕病害绿色防控技术技术流程

四、技术内容

（一）病害调查指标

1. 发病率

指发病的植株或植株器官（叶片、茎秆、穗、果实等）数占调查的总株数或总器官数的百分数，或用发病面积占调查总面积的百分比来表示。

$$发病率（\%）= \frac{病株（器官、叶）数}{调查总株（器官、叶）数} \times 100\%$$

2. 严重度

发病的植物器官面积或体积占调查的植物器官总面积或总体积的百分率，用分级法表示，设 8 级，分别用 1%、5%、10%、20%、40%、60%、80% 和 100% 表示。按下式计算：

$$平均严重度 = \frac{\sum（分级数值 \times 病叶数）}{总病叶数} \times 100\%$$

3. 病情指数

病害的发病率和严重程度的综合指标，按下式计算：

$$病情指数 = 发病率 \times 平均严重度 \times 100$$

（二）主要病害发生特点

1. 叶斑病

（1）危害症状。叶尖产生细小的条斑，病斑颜色灰色至褐色。严重时，叶片上部褪绿变褐死亡，有时在老病斑上产生黄褐色至黑色的小粒点（图2）。受害严重受害草坪呈现枯焦状。

左：症状　　　　　中：病原菌菌落　　　右：病原菌分生孢子（20μm）

图2　光叶紫花苕叶斑病症状及病原菌苜蓿壳针孢

（2）发病条件。病原菌以菌丝或分生孢子在脱落的病叶上的分生孢子器中越冬。次年春季，牧草返青后遇到适宜的温、湿度条件，即可侵染植株下部叶片，以后通过田间多次再侵染，病害渐向植株上部蔓延。

2. 白粉病

（1）危害症状。病株叶片两面、茎部和叶柄上生有白色粉状霉层，初期白色小圆点，随着病情加重，可逐渐扩大直至覆盖全叶，呈白粉状，直至末期叶背面霉层呈淡褐色或灰色，同时有橙黄色至黑色小点出现，即病原菌的闭囊壳（图3）。

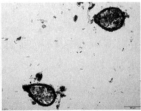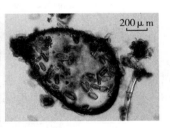

左：症状　　　　　中：闭囊壳　　　右：粉孢子和分生孢子梗（200μm）

图3　光叶紫花苕白粉病症状及病原菌豆科内丝白粉菌

（2）发病条件。在日照充分、土壤干旱、昼夜温差大、多风等条件下易发生，发生适温为 20～28℃，最适相对湿度为 52%～75%。通常海拔较高、昼夜温差大、多风条件下此病易发生。

3. 斑枯病

（1）危害症状。植株感病后枝条萎蔫下垂，生长缓慢，叶片变黄枯萎，常有红紫色变色。部分枝条局部出现小黑点，发病 1 周后，病枝逐渐死亡（图 4）。

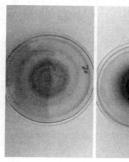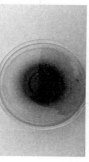

左：症状   中：病原菌菌落   右：病原菌分生孢子（20μm）

图 4 光叶紫花苕斑枯病症状及病原菌木贼镰孢菌

（2）发病条件。土壤温度和含水量是影响光叶紫花苕斑枯病的两个主要环境因素，病害最适生长温度为 25～30℃，春旱、秋涝导致发病较严重。

（三）病情调查

在春季，光叶紫花苕或当地主栽季节光叶紫花苕发病前期或始发期开始调查，每 15d 或 10d 调查 1 次，在连续阴雨天气之后，应及时调查病害发生情况。

1. 业主调查

（1）栽培模式及主要病害调查。调查当地光叶紫花苕轮作、套作或间作模式，栽培品种、面积、地点、规模、产量等基本情况，对发生病害的栽培牧草进行病害发生时间、发病率、病害部位等信息记录，并填写附录 1、附录 2。

（2）拍摄照片。要求使用 800 万以上像素的手机或相机，在光线良好的条件下进行拍摄，主要拍摄栽培地的总体景观、植株近照、发病部位、症状等照片，保证图片清晰；编辑图片名称为"牧草品种—拍摄地点—序号"，如"雅玉 8 号—洪雅平乐村—1"；要求每处调查地牧草生长和病害发生情况拍摄照片不少于 3 张，同种牧草病害症状拍摄照片不少于 3 张。

（3）调查资料处理。将调查获得的数据、图片等信息及时反馈给植保专家，供其准确诊断和病情判断，以获得防治措施。

2. 植保专家或技术人员调查

（1）主要病害确定。根据业主反映情况，结合病害发生规律，对主要病害发生地进行实地考察。选择有代表性的发病地块，避免在田边取样，一般应离田边 5～10 步远；按棋盘式随机定 3 个样点，每个样点以 $1m^2$ 或 $10m^2$ 的面积为取样单位，根据调查指标进行调查，并记录病状、病症、自然条件等信息，填写附录 2。采集病害样本，要求材料新鲜，症状典型，进行病情诊断和病原菌鉴定。

（2）发生程度等级划分。为便于管理，牧草病害危害等级一般分级定为 5 级，参照表 1 进行划分。

表 1　牧草病害等级评定标准

危害等级	病情指数	危害程度
1	0～10	轻度
2	10～25	中度偏轻
3	25～40	中度
4	40～60	中度偏重
5	60 以上	重度

（3）提出防治对策。根据主要病害发生规律和病情调查情况，结合光叶紫花苕生育期特点，提出并制定切实可行的光叶紫花苕病害防治方案和防控措施。

（四）防治措施

优先采取农艺措施进行防治，尽量避免采用药剂防治。药剂防治应注意降低对植株质量、环境的影响，严格控制安全间隔期，在收获前 20～30d 进行。

1. 选择适宜的播期

根据当地光叶紫花苕病害往年发生情况，选择适宜的播期，以有效避过病害发生高峰期。

2. 加强田间管理

合理施用肥料，减少 N 肥用量，将 N 肥与 P 肥、K 肥合理配比使用；采用不同种植模式，如采用光叶紫花苕和黑麦草混播、光叶紫花苕和土豆轮作、光叶紫花苕和玉米轮作等降低病害的发生；适度灌水，降低牧草田间湿度，减少牧草病害发生条件；降低牧草种植密度；适时提前刈割，减少初侵染源，有效控制病害的侵染循环。

3. 药剂防治

进行病情预测，预估病情发生严重和产量损失较大的情况下，选用高效、低毒、低残留、广谱性药剂预防。在发病初期，用人工或机械喷施，选用70％代森锰 600 倍液或 75％百菌清 500～600 倍液，根据病害控制情况，隔7～10d 增加用药 1 次。针对光叶紫花苕叶斑病，可用 50％多菌灵可湿性粉剂400 倍液在发病初期用喷雾；用 50％多菌灵可湿性粉剂 600 倍液或 15％三唑酮 1 500～2 000 倍液喷雾防治光叶紫花苕白粉病；可用 50％托布津 1 000 倍、70％代森锰 500 倍、80％代森锰锌 400～600 倍和 50％克菌丹 500 倍液喷雾防治叶紫花苕斑枯病。

五、引用标准

（1）《牧草病害调查与防治技术规程》（NY/T 2767—2015）；
（2）《牧草侵染性病害调查规范》（DB/T 1347—2009）；
（3）《凉山光叶紫花苕牧草生产技术规程》（DB51/T—673—2007）；
（4）《凉山光叶紫花苕种子生产技术规程》（DB51/T—674—2007）。

（周俗、刘勇）

附录 1 _____县牧草病害野外调查与标本
采集记录表（农牧民）

调查地点	____乡（镇）____村____组			记录人		调查时间	年 月 日
栽培情况	牧草名称		品种	栽培管理人		联系电话	
	栽培方式	1. 单播（　）混播（　）		2. 轮作（　）间作（　）套作（　）			
	栽培面积	_____亩		鲜草产量		_____kg/亩	
	栽培时间	年 月 日		收获时间		年 月 日	
	利用方式	饲喂牲畜（　）肥田（　）其他（　）					
	图片拍摄	栽培牧草全景图（　）		健康植株整株图（　）		健康植株局部图（　）	
病害情况	病害名称		症状描述				
	发病时间						
	病害部位	根（　）茎（　）花（　）叶（　）种子（　）					
	病害面积（亩）						
	图片拍摄	病害牧草整株图（　）		病害部位图1（　）		病害部位图2（　）	

填表说明：

1) 牧草名称：明确牧草名称，若能明确牧草品种，请在牧草名称后加括号填写品种名称。

2) 栽培方式：1. 单一播种某一类牧草，请"单播"后的括号内打√；若为两种及以上牧草混播，请在"混播"后打√，2. 轮作、套作、间作的填写同1。

3) 利用方式：请在相应的括号内打√，如果是其他方式请在括号后注明具体内容。

4) 图片拍摄：要求使用800万以上像素的手机或相机，拍摄栽培地的全景图、健康植株图、健康植株局部图，要求图片清晰、曝光适度，完成的相应拍摄和图片名称编辑后在相应括号内打√。

5) 病害名称：若能根据经验判断病害名称，请填写名称，如"黑麦草锈病"，若不能判断，可不用填写病害名称，请在"症状描述"进行简单描述，如"叶片发黄，有黄色粉末，植株萎蔫"。

6) 病害面积：是指栽培牧草地里发生病害的大概面积。

7) 图片拍摄：要求同4），拍摄病害牧草整株图、病害部位图，并在相应括号内打√。

附录 2 _____县光叶紫花苕主要病害情况调查表
（植保专家或技术人员）

调查地点	乡（镇） 村 组编号：		记录人		调查时间	年 月 日
	经纬度	东经：_____E 北纬：_____N	海拔高度（m）		环境特点	温度： 地貌：
栽培情况	牧草名称		品种	播期		播种量
	栽培方式	1.单播（ ）混播（ ）		2.轮作（ ）间作（ ）套作（ ）		
	栽培面积		亩	年鲜草产量		kg/亩
	刈割次数及刈割时间		次	牧草生育期		
	利用方式	青饲料（ ）干草饲料（ ）青贮饲料（ ）肥田（ ）其他（ ）				
	株高				植株整株图（ ）	
病害情况	病害名称			危害损失		
	症状描述					
	病害部位	根（ ）茎（ ）叶（ ）穗部（ ）花（ ）种子（ ）				
	危害面积（亩）			生物防治措施		
	样点调查	每个样点调查30株，每株调查5片叶				
	样点1：	发病率（%）		严重度（%）		
	样点2：	发病率（%）		严重度（%）		
	样点3：	发病率（%）		严重度（%）		
备注						

暖温带苜蓿主要害虫绿色防控技术

一、技术概述

我国暖温带苜蓿害虫主要有蚜虫类、蓟马类、盲蝽类、蛾类、金龟甲类、苜蓿象甲类、地下害虫等 7 大类 120 多种。目前，常发性、危害性较大的有苜蓿斑蚜、豌豆蚜、豆蚜、牛角花齿蓟马、蛴螬等。据统计，苜蓿虫害年均造成的损失占总产量的 20% 以上，按均价 2 000 元/t 计算，直接经济损失约 16 亿元。苜蓿蚜虫、蓟马不仅造成叶片卷曲、产量下降，并能传播病毒、造成苜蓿品质下降，在全国苜蓿主产区普遍存在。地下害虫在华北地区危害尤为猖獗，造成苜蓿大面积断垄、缺苗。因此，提高苜蓿虫害综合防控水平是提高苜蓿产量的重要途径。

二、技术特点

苜蓿害虫绿色防控技术充分考虑天敌控制作用，为防止化学防治造成的抗药性、农药残留和害虫再猖獗等"3R"问题，最大限度地保证牧草产品安全和保护天敌的生存环境，研制了以生物防治为主的苜蓿害虫绿色防控成套技术。该技术通过多年的试验研究和示范推广，表现出了技术的成熟性和稳定性，在生产中防治效果显著、对非靶标昆虫安全、环境友好，具备较强的实用性和操作性，可在全国苜蓿产区推广应用。

三、技术流程

本技术主要包括 3 个部分：苜蓿害虫识别、苜蓿害虫种群动态监测、苜蓿害虫防治技术应用。技术流程见图 1。

四、技术内容

（一）主要害虫种类及其发生特点

1. 苜蓿蚜虫

危害苜蓿的蚜虫种类主要为豆蚜（苜蓿蚜）*Aphis craccivora* Koch（图 2）、豌豆蚜 *Acyrthosiphon pisum*（Harris）（图 3）、三叶草彩斑蚜（苜蓿

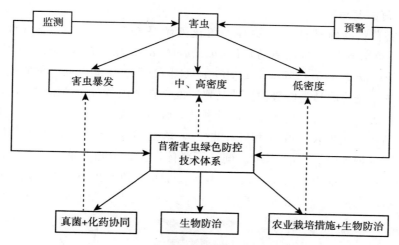

图1 苜蓿害虫绿色防控技术流程

斑蚜）*Therioaphis trifolii*（Monell）（图4）等。普遍存在全国各苜蓿种植区，属常发性害虫，对苜蓿生长早中期危害较大。严重发生时，造成苜蓿产量损失达50%以上，排泄的蜜露引发叶片发霉，影响草的质量，导致植株萎蔫、矮缩和霉污以及幼苗死亡。豌豆无网长管蚜和苜蓿无网长管蚜体绿色，个体较大，长度为2～4mm，一对腹管明显可见，二者经常在田间同时发生，区别是豌豆无网长管蚜触角每一节都有黑色结点，而苜蓿无网长管蚜触角均匀无黑色结点；苜蓿斑蚜体淡黄色，个体较小，只有豌豆无网长管蚜和苜蓿无网长管蚜的1/3～1/2，背部有6～8排黑色小点，常在植株下部叶片背部为害；豆蚜黑紫色，有成百上千头在苜蓿枝条上部聚集为害的特性。

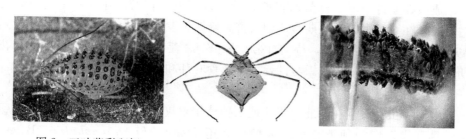

图2 三叶草彩斑蚜   图3 豌豆蚜   图4 豆蚜

通常以雌蚜或卵在苜蓿根冠部越冬，在整个苜蓿生育期蚜虫发生20多代。春季苜蓿返青时成蚜开始出现，随着气温升高，虫口数量增加很快，每个雌蚜可产生50～100个胎生若蚜。虫口数量同降雨量关系密切，5—6月如降雨少，蚜量则迅速上升，对第一茬和第二茬苜蓿造成严重危害。

2. 苜蓿蓟马

危害苜蓿的蓟马种类主要有牛角花齿蓟马 *Odontothrips loti*（Haliday）（图5）、苜蓿蓟马（西花蓟马）*Frankliniella occidentalis*（Perg.）（图6）、花蓟马 *Frankliniella intonsa*（Trybom）（图7）等。田间以混合种群危害，各地均以牛角花翅蓟马为优势种。蓟马普遍发生在全国各苜蓿种植区，已成为苜蓿成灾性害虫，主要取食叶芽、嫩叶和花，轻者造成上部叶片扭曲，重者成片苜蓿早枯，停止生长。叶片和花干枯、早落对苜蓿干草产量造成的损失达20%，减少种子产量50%以上。蓟马属微体昆虫，成虫产卵于叶片、花、茎秆组织中，个体细小，长度0.5～1.5mm，成虫灰色至黑色。若虫灰黄色或橘黄色，跳跃性强，为害隐蔽，需拍打苜蓿枝条到白纸板和手掌上肉眼才可见。

图5　牛角花齿蓟马　　　图6　苜蓿蓟马　　　图7　花蓟马

该类虫害从苜蓿返青开始整个生育期均可持续为害，全生育期发生10多代。成虫在4月中下旬苜蓿返青期开始出现，虫口较低，在5月中旬虫口突增，通常在6月中旬初花期时达到为害高峰期，发生盛期可从5月上旬持续到9月上旬的每一茬苜蓿上，特别对第一茬和第二茬苜蓿危害严重。通常在初花期达到为害高峰期，有趋嫩习性，主要取食叶芽和花。

3. 地下害虫

地下害虫常发生在西北、华北地区种植年限较长的旱地苜蓿及新建植苜蓿上。具有代表性的种类有东北大黑鳃金龟 *Holotrichia diomphalia*（Bates）（图8）、华北大黑鳃金龟 *Holotrichia oblita*（Faldermann）（图9）、铜绿丽金龟 *Anomala corpulenta* Motschulsky（图10）、白星花金龟 *Protaetia brevitarsis*（Lewis）（图11）、沟金针虫 *Pleonomus canaliculatus* Faldermann（图12）、细胸金针虫 *Agriotes fuscicollis* Miwa（图13）等。由于苜蓿草地环境稳定，主要以幼虫取食苜蓿根部，导致苜蓿生长不良、枯黄，甚至死亡，成虫也取食苜蓿叶片和茎。金龟甲幼虫蛴螬（图14）通常体乳白色，头黄褐色，弯曲呈"C"状。白花星金龟个体较大，长16～24mm，宽9～12mm，椭圆形，黑色具青铜色光泽，体表散布众多不规则白绒斑；黑绒金龟成虫体小，体长7～9.5mm，卵圆形，有天鹅绒光泽，鞘翅上具密生短绒毛，边缘具长绒毛。黑皱鳃金龟成虫体中型，长15～16m，宽6～7.5mm，黑色无光泽，刻点粗大而密，鞘翅无纵肋，头部黑色，前胸背板中央具中纵线，小盾片横三角形，顶端变钝，中央部位具明显的光滑纵隆线，鞘翅卵圆形，具大而密排列不规则的圆刻点。

图8　东北大黑鳃金龟　　图9　华北大黑鳃金龟　　图10　铜绿丽金龟

图11　白星花金龟　　图12　沟金针虫　　图13　细胸金针虫

图14　金龟甲幼虫（蛴螬）和蛹

金龟甲类害虫 1 年或两年发生 1 代，以幼虫在土中越冬，成虫寿命较长，飞行能力强，昼伏夜出，具有假死习性和强烈的趋光性、趋化性。白花星金龟成虫 5 月出现，发生盛期为 6—8 月；黑绒金龟 4 月中下旬开始出土，5—6 月上旬是成虫发生危害盛期。危害随着苜蓿种植年限的延长成指数增加，种植 7 年后的苜蓿地黑绒金龟和白星花金龟种群暴发性增长，而种植年限 5 年以下其种群增长非常缓慢。

（二）主要害虫田间调查方法

1. 苜蓿蚜虫、蓟马

采用枝条拍打法，步骤如图 15：

（1）采集袋。用镊子将直径为 1cm 的棉球蘸取乙酸乙酯，以棉球润湿不下滴为宜，将乙酸乙酯棉球放入自封袋中，封好待用。

（2）润湿的白纸。用清水将白纸（A4 纸）喷湿，以水滴不下滴为宜，纸的湿度为 35%～45%。

（3）蚜虫、蓟马采集。随机取 20 株枝条，将放有润湿白纸的瓷盘放在苜蓿植株下方，轻轻拍打植株，使其上的蚜虫、蓟马落入白纸上，迅速将白纸折起，放入自封袋中（注意：每一个自封袋中仅能放入一张白纸），标记样地日期。

（4）蚜虫、蓟马虫口密度：统计自封袋中害虫数量，并在解剖镜下分别鉴定害虫种类（可参考《苜蓿害虫及天敌鉴定图册》）。

1.毒瓶　　　　2.昆虫采集袋　　　　3.湿润托盘

4.拍打枝条　　　　5.昆虫采集　　　　6.装袋保存

图 15　枝条拍打法采集苜蓿蚜虫、蓟马

2. 地下害虫

（1）成虫调查方法。

陷阱诱捕法。随机 5 点取样，每点 5 个罐，每个罐距离≥5m，每点的距离≥50m。用一次性塑料杯（高 9cm，口径 7.5cm）作为诱集罐，罐内水和乙二醇混合液（乙二醇含量≥95.0%）40～60mL，收集罐内所有昆虫，冲洗干净晾干后统计。

黑光灯诱捕法。采用多功能自动虫情测报灯（20W 黑光灯）诱捕，设置在视野开阔的地方，虫情测报灯的灯管下端与地表面垂直距离为 1.5m，20W 黑光灯管每年更换 1 次。每日上午检查灯下成虫数量、性比，单位：头/d。

（2）幼虫调查方法。采用挖土取样法，随机 5 点取样，每点 1m×0.25m，挖土深度为 50cm，单位：头/m²。

（三）主要害虫防治指标

1. 苜蓿蚜虫

苜蓿株高小于 25cm，豌豆蚜防治指标为 40～50 头/枝条，苜蓿斑蚜防治指标为 20 头/枝条，豆蚜防治指标为 10 头/枝条。苜蓿株高大于 25cm、且小于 50cm 时，豌豆蚜防治指标为 70～80 头/枝条，苜蓿斑蚜防治指标为 40 头/枝条，豆蚜防治指标为 80 头/枝条。苜蓿株高大于 50cm，豌豆蚜防治指标为 100 头/枝条，苜蓿斑蚜防治指标为 50～70 头/枝条，豆蚜防治指标为 150 头/枝条。

表 1　苜蓿蚜虫防治指标（头/枝条）

害虫	苜蓿高度（H）		
	H≤25cm	25<H≤50	H>50cm
豌豆蚜	40～50/**25**	70～80/**80**	100+/**150**
苜蓿斑蚜	20/**5**	40/**20**	50～70/**60**
豆蚜	—/**10**	—/**80**	—/**150**

注：黑体标注为国外报道的防治指标。

2. 苜蓿蓟马

苜蓿株高小于 5cm 时，为 1 头/枝条；苜蓿株高 5～25cm 时，为 2 头/枝条；株高大于 25cm 时，为 5～6 头/枝条。

3. 地下害虫

蛴螬防治指标为 1～2 头/m²，金针虫防治指标为 3～4 头/m²。

（四）防治方法

1. 农艺措施

（1）根据当地主要害虫种类，针对性选用抗虫苜蓿品种。

（2）加强田间管理，合理进行水分调节、施肥以及清洁田园等措施。

表 2　苜蓿害虫防治效果记录表

基本信息	单　位		调查人		天气		温度		湿度	
	起始时间		结束时间		植物发育		高度		降水量	
	生长时期		土壤情况							

		虫口密度（头/枝条）								
		防前 1d	防后 1d	防后 3d	防后 5d	防后 7d	防后 14d	防后 21d	防后 28d	备注
小区 1	1									
	2									
	3									
	4									
	5									
CK	1									
	2									
	3									
	4									
	5									
……										
……										
……										
……										
……										
小区 n	1									
	2									
	3									
	4									
	5									
CK	1									
	2									
	3									
	4									
	5									

　　* 天气注明：晴、阴、多云、小雨、中雨、大雨、温暖、微风、轻风、强风等，小区注明：详细地点或特征描述，植物发育注明：良、中、差，生长时期注明：三叶期、现蕾期、初花期、盛花期等，土壤情况注明：潮湿、湿润、干、松散、轻微结块、结块、严重结块等。

（3）苜蓿生长中后期，害虫数量即将或达到防治指标时，提前刈割。

（4）秋末或苜蓿返青前，及时清除田间残茬和杂草，降低越冬虫源。

2. 生物防治

（1）白僵菌粉剂防治苜蓿蚜虫。苜蓿生长期，采用直接喷施粉剂的方法防治苜蓿蚜虫。

使用剂量：粉剂100g/亩。

施用方法：背负式喷雾喷粉机直接喷粉于植株叶面。

施用时间：苜蓿生长季节，蚜虫为害前。

（2）绿僵菌粉剂防治苜蓿蓟马。苜蓿苗期或苜蓿收割后，利用苜蓿蓟马蛹期在地下生活习性，采用深耕覆土的方法防治苜蓿蓟马。

使用剂量：粉剂100g＋4kg细沙（建筑用沙）/亩。

施用方法：拌匀，用犁地机翻耕3～5cm深后，均匀撒于地面。

施用时间：苜蓿收割后（留茬高度约8～10cm），适于犁地机翻耕表层土壤，可与施肥同步。

苜蓿生长期，采用直接喷施粉剂的方法防治苜蓿蓟马。

使用剂量：粉剂100g/亩。

施用方法：背负式喷雾喷粉机直接喷粉于植株叶面。

施用时间：苜蓿生长季节，蓟马为害前。

（3）绿僵菌防治地下害虫。在播种期，将绿僵菌颗粒剂直接施撒或拌土后施撒在种子附近，拢土覆盖。也可使用绿僵菌可湿性粉剂加水混匀，喷洒或浇灌。根据虫情每亩用量200～400g。

应设置未施药区域作为对照。一般而言，考虑害虫迁移习性，应在虫害发生核心区调查施药前、后害虫种群动态，苜蓿田周边区域不应计算，调查记录表参考表2。

3. 生物制剂与低量化学药剂结合防治苜蓿蚜虫、蓟马

苜蓿蚜虫大暴发时，采用白僵菌粉剂＋氯虫苯甲酰胺按照8∶2配比，使用剂量100g/亩，背负式喷雾喷粉机直接喷粉于植株叶面。苜蓿蓟马大暴发时，采用绿僵菌粉剂＋菊酯类农药按照8∶2配比，使用剂量100g/亩，背负式喷雾喷粉机直接喷粉于植株叶面。

（涂雄兵、张泽华）

全株玉米青贮技术

一、技术概述

2015 年以来，中央财政安排资金支持开展"粮改饲"试点。按照草畜配套、产销平衡的原则发展以青贮玉米为主的优质饲草料产业，取得了积极进展，播种面积逐年增加，"粮改饲"试点范围扩大到了整个"镰刀弯"地区和黄淮海玉米主产区，试点县从 30 个增加到 100 个。到 2020 年，全国优质饲草料种植面积发展到 2 500 万亩以上，基本实现奶牛规模养殖场青贮玉米全覆盖，肉牛和肉羊规模养殖场饲草料结构进一步优化。随着我国奶牛饲喂水平的快速提升，全株青贮玉米质量已成为制约奶牛单产提高的主要因素之一。为了提高全株青贮玉米的制作水平，从全株青贮玉米制作的各个关键环节进行论述，根据个人经验和国内外先进青贮制作技术理念，指导青贮制作者掌握青贮制作理论体系，主要内容包括玉米品种选择、玉米收获时间、玉米收获时的注意事项以及青贮窖的制作方法等。

二、技术特点

本技术主要适用于玉米青贮产业优势区域（河北、北京、山东、河南、天津、黑龙江、内蒙古等）。近年来，在国家大力推进"粮改饲"、推广全株青贮玉米的背景下，全株青贮玉米已成为奶牛优质粗饲料的重要来源，为奶牛单产快速提升做出了重要贡献。全株青贮制作的关键点包括青贮玉米品种选择、收获时间、留茬高度、切割长度、籽粒破碎、压窖、封窖及取料面管理等过程。

三、技术流程

见图 1。

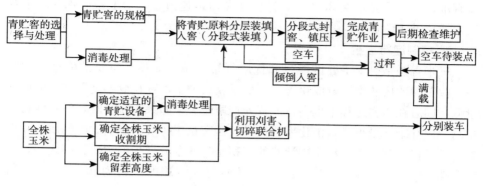

图 1　全株玉米青贮技术流程

四、技术内容

（一）青贮方式的选择

根据养殖规模及养殖种类，选择适合青贮方式：窖贮、拉伸膜裹包青贮、袋状青贮、堆贮等。

（二）品种选择

青贮玉米的品种要选择单位干物质含量高、淀粉含量高、生育期适合当地种植、中性洗涤纤维消化率高、亩产奶量高的品种。

（三）收割期

优质的青贮原料是调制优质青贮饲料的物质基础。适时收获不但可以在单位面积上获得最大营养物质产量，而且水分和可溶性碳水化合物含量适当，有利于乳酸发酵，易于制成优质青贮饲料。

1. 控制水分含量

当全株玉米干物质含量为30％～35％时制作青贮，能使产量、营养价值和消化率达到最佳平衡点。玉米籽实的乳浆线是一个粗略估算整株水分的指标，一般情况下，当达到50％乳浆线时为最适宜收获时间，整株水分在60％～74％。但很多玉米品种的乳浆线并不明显，大多数杂交品种出苗和吐丝期间的差异较大。

实践中可采用手握法判断青贮水分，将全株玉米切碎到1～2cm作为样品，成年男子单手抓握适量样品，尽全力握手。松手后，样品球缓慢散开，手掌上仅有少量水分附着，此时干物质超过30％，适宜制作青贮；当样品成球状，水分容易从指尖流出时，干物质含量低于25％；样品刚好能维持球状，手上有少量水分，干物质含量在25％～30％；样品球状缓慢散开，手上几乎没有水，干物质含量在 30％～40％；样品球迅速散开，手上没有水时，干物质含量超过 40％。

2. 控制淀粉含量

玉米青贮是奶牛主要的能量和优质纤维来源，淀粉是重要的能量来源之一。收获时的成熟度影响淀粉含量。如果收获过早，籽粒成熟度不够，淀粉含量低，同时在压实过程中也会造成营养物质流失。如果收获过晚，尽管淀粉含量高，但纤维含量也高，消化率低，不仅贮窖难于压实，影响发酵的质量，也缩短青贮保存期。玉米籽实中淀粉的沉积是整株水分减少的主要原因之一，玉米全株水分每天减少 0.5％～1.0％，此时每天沉积的淀粉为 0.5％～1.0％，全株青贮玉米淀粉含量宜控制在 30％～35％为宜。

（四）收获过程

收获的目标是全株玉米切短后的长度，长到能够提供能保障瘤胃健康的有效纤维，短到能够保证良好的压实效果。做到切刀锋利，切面整齐，尽量减少液体渗出，保证切短效果，破碎玉米籽实，保证淀粉能被较好的吸收。

1. 留茬高度

青贮玉米留茬高度推荐 25cm，最短不要低于 15cm。在 15～25cm，留茬高度每增加 1cm，每亩青贮鲜重减少约 9kg。由于 15～25cm 这部分茎秆消化率很低，同时考虑到由此增加的各种成本及携带杂菌、泥土等风险，建议尽量增加留茬高度。

2. 切割长度

切割长度取决于青贮玉米干物质含量，干物质含量越高切割长度越短；干物质含量越低切割长度越长，但是任何时候切割长度不应大于 2cm。需要注意的是，由于切割刀具保养不及时，导致机器设定值和实际切割长度有偏差。表1是青贮玉米切割长度和干物质含量对照表。

表1　青贮玉米切割长度与干物质含量对照表

干物质含量（％）	切割长度（cm）
＜25	2.0
25～30	1.5
30～35	1.0
35～40	0.7

3. 籽粒破碎

籽粒破碎可以提高玉米籽粒淀粉的利用率，未破碎的籽粒很难被奶牛吸收，白白损失大量营养物质。判定籽粒破碎好坏可使用由美国杜邦先锋公司

Mahanna 发明的"墨氏杯"。具体使用方法是：选取代表性的青贮样点，装满墨氏杯（约 1L，平杯、勿压），倒出青贮，摊开后筛选出其中大于一半的籽粒，然后对照表 2 评定籽粒破碎质量，及时向收割机手反馈。

表 2　籽粒破碎评价表

籽粒数量（个）	籽粒破碎评价
≤2	良好
2～4	一般
>4	差

（五）压窖

青贮料紧实程度是青贮成败的关键之一。青贮紧实程度适当，发酵完后饲料下沉不超过深度的 10%；如果压实不当，青贮过程中温度增加、pH 升高、干物质损失增加，有氧发酵增加。

1. 压窖机械选择

牧场进行压窖时，建议不要使用链轨式工程机械，因为链轨车与青贮接触面积大、压强小，不易压实、压平青贮，而且速度慢、压窖效率低。另外，容易破坏窖面，使青贮中混入石块，影响奶牛采食。推荐使用车况较好的 50 轮式铲车，该类铲车由于市面上很常见，而且工作效率高。因此，被各地牧场广泛使用。而国外较为多见的是双排轮胎拖拉机，该拖拉机自重更重，压窖效率更高，更容易将青贮坡面压平，同时还能通过增加配重来提高压窖密度。

例如：以干物质 30% 计算，送料速度为 137t/h，要把每车原料都压得很实需要：50 铲车 2 台，链轨推土机 1 台压窖机重量（t）=送料重量 t/h×0.4

2. 楔形堆料

牧场进行压窖时，建议从一端窖口开始堆放青贮，以楔形向另一端平移（图 2a），每层铺设的青贮不超过 15cm，并保证青贮斜面与地面的夹角稳定在30°。斜面坡度过大、过陡，影响铲车爬坡，不易压实；斜面坡度过小，青贮接触空气概率增大，有氧呼吸损失增加。同时，要让铲车司机知道铲车上下斜面都是压窖过程，都需要将半个轮胎宽度从一侧到另一侧平移。为了保证压窖效果，铲车压窖车速不要过快，匀速在 5 km/h 以内。

3. "U"形压窖

一般情况，窖墙处的青贮密度低于中间，这是由于司机担心车辆接触窖墙，擦破铺在窖墙上的塑料，不敢靠近窖墙压窖。因此，为了方便压窖车辆靠近窖墙压窖，应在推料时有意识地多推向两侧，将青贮窖横截面做成

· 99 ·

"U"形，这样压窖车辆便可很容易地靠近窖墙压窖（图 2b）。如果牧场在建窖初，能把窖墙修成上窄下宽的梯形，可使压窖车辆靠近窖墙，压窖更加方便。

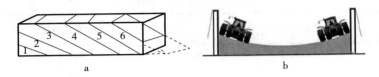

图 2　楔形堆料与"U"形压窖示意图

4. 进料速度

进料速度受收割、运输、过磅、卸料、堆料、压窖、天气等因素影响。一般情况下，压窖速度是影响进料速度最短的那块"木板"。因此，压窖速度决定进料快慢，而压窖速度取决于压窖车辆装配重量，二者之间有 2.5 倍关系，即压窖车辆每小时能压好的青贮料的重量是它自身重量的 2.5 倍。

例如：如果牧场有 2 台装配重量各为 18t 的压窖机械（不包括推料机械），那么每小时能压好的青贮＝总装配重量×2.5＝36t×2.5＝90t。如果该牧场想每小时进料 100t，在不降低青贮密度标准的情况下，必须增加 1 台压窖设备。为了减少运输成本及运输过程中的发热损失，建议运输距离不要超过 50km。

5. 密度控制

密度之于青贮，好比新鲜之于水果。一般来说密度越大，空气排出的越多，青贮干物质损失越少（表 3）。但考虑到压窖成本、压窖速度等因素，建议青贮干物质密度为 240kg/m³。牧场每天要多次多点用密度仪测定青贮密度，及时调整进料速度，确保青贮密度。但需要注意的是，设备压不到的地方就不要堆料，压好的青贮不要重复铲压。

表 3　青贮干物质损失与青贮密度关系

干物质密度（kg/m³）	干物质损失率（%）
160	20.2
230	16.8
240	15.9
260	15.1
290	13.4
350	10.0

数据来源：US Dairy Forage Research Center，1999。

（六）封窖

严密封窖、防止漏水漏气是调制优质青贮料的一个重要环节。青贮容器密封不好，进入空气或水分，有利于腐败菌、霉菌等繁殖，使青贮料变质。填满窖后，铺盖塑料薄膜，然后再用土壤拍实，厚30～50cm，并做成馒头形，有利于排水。封膜时，建议双层膜密封，内层隔氧膜，外层黑白膜。接缝处重叠0.5～1m。内层接缝处可不作处理，外层黑白膜接缝处建议用胶粘好，最后用轮胎压实。接近地面处用土或者沙袋压好，尽可能减少外界氧气的渗入。必须边压窖边封窖，即当一侧青贮压至和窖墙平齐时开始封窖，每压好一段距离黑白膜同步往前推进。另外，最好将轮胎一劈为二倒扣压窖。好处是：节省轮胎、降低劳动强度；避免轮胎积水、滋生蚊蝇。

（七）青贮料取用

青贮开窖后，要现用现取，不要堆积过夜。根据牛场的实际情况制定合理的青贮取用计划，建议每次取料深度至少20cm，尽量减少开窖后的氧化损失。禁止饲喂霉变青贮，同时注意取用安全。

（八）青贮添加剂利用

目前，乳酸菌在国内外牧场使用广泛，具有加速青贮发酵，抑制青贮开窖后的二次发酵的作用。质量好的乳酸菌可以减少10%以上干物质的损失。市面上常见的青贮乳酸菌分为同型的植物乳杆菌和异型的布氏乳杆菌。

五、经济效益

目前，我国粮食生产成本高，与国际市场价格比，没有竞争优势，难以出口。农民种植玉米卖难、收入低，因此国家推行"粮改饲"，推广种植青贮玉米以发展草食畜牧业，实现转化增值，提高生产效益。目前，种植一亩粮食玉米，自然条件好的区域亩产玉米1 000kg左右，产值为1 000元左右，种植1亩青贮玉米亩产青贮饲料4～6t，每吨销售价平均300元左右，亩产值达到1 200～1 800元，每亩增加收入200～800元，正常情况下亩增收300～400元。全株青贮玉米饲喂草食家畜，实现过腹转化增值，效益更加明显。种1亩全株青贮玉米，亩产4t青贮饲料，可养1头基础母牛，1年保证得1个牛犊。用老百姓的话说："母牛见母牛，三年五个头。"而不喂全株玉米青贮饲料，3年得2个犊，产犊率相差30%～50%。目前，当年牛犊市场价为6 000～7 000元，1亩青贮玉米过腹转化后可实现产值6 000元左右，是种植粮食的10倍以上。

六、注意事项

玉米在田间的生长受到诸多因素影响，从而影响收割时间。收割之前若出现以下情况应引起重视：①如果发生干旱，可能会影响作物的生长，造成作物能量和水分含量降低、硝酸盐水平提高；②霜冻也会影响玉米在田间的生长。青贮玉米成熟之前如果遭受霜冻，将直接造成植株死亡。影响全株玉米的水分含量，并造成干物质损失。

在收割之前，必须清理青贮窖，并保持干燥。侧壁应使用塑料膜，在装填完毕后可以展开覆盖青贮窖。

（1）避免雨水顺着侧壁流入窖内，引起饲料腐败。

（2）避免氧气顺着水泥墙面渗入。

（3）压实前，确保清洗拖拉机的轮胎，彻底清洁之前不能压青贮。因为泥土中的微生物会造成青贮饲料腐败。

（4）在最后封窖前，可以在表面和侧面喷洒防霉剂，减少霉菌生长、氧气渗入和干物质损失。

（5）控制添加剂的添加量及喷洒的均匀度。

（6）青贮取料面管理：每天根据用量取用；使用干净、锋利的抓斗或者取料机；取用时，不要造成表面碎裂；每天截取整个表面的取料深度至少达到20～30cm；冬季，每周暴露的表面不超过1～2m，夏季加倍。要实现这个目标，青贮窖不能太宽。尽快取用散落的青贮饲料。

（7）新、旧青贮料替换时保证约15d平稳过渡。

（8）机械作业中，注意人员的人身安全，严格按照机械安全操作规程作业，防止发生安全意外事故。

（智健飞、刘忠宽、刘振宇、谢楠、秦文利、冯伟）

牧草种子清选加工技术

一、技术概述

牧草种子清选通常是利用牧草种子与混杂物物理特性的差异，通过专门的机械设备来完成。普遍应用的是种子颗粒大小、外形、密度、表面结构、极限速度和回弹等特性，在机械操作过程中（如运输、振动、鼓风等）将种子与种子、种子与混杂物分离开。种子清选机就是利用一种或数种特性差异进行清选的。

牧草种子清选加工技术通常分为粗选/初选、预加工、基本清选、特定清选、种子包衣和计量包装。粗选和预加工，是为了改善种子的流动性、贮藏性和减轻主要清选作业的负荷而进行的初步清杂作业。主要是清除混入种子中的茎、叶、穗和损伤种子的碎片、杂草种子、泥沙、石块、空瘪等掺杂物，以提高种子纯净度，为种子安全干燥和包装贮藏做好准备。基本清选为进一步提高种子质量而进行的各种精细的清选作业，主要目的是剔除混入的异作物、不饱满的、虫蛀或劣变的种子，以提高种子的精度级别和利用率，即可提高纯度，发芽率和种子活力。特定清选主要是针对牧草种子中特定杂草种子而进行的进一步精选。种子包衣是随着农业现代化发展而出现的一项种子加工技术，目的是使种子适于播种，并起到防病、防虫，提高抗寒、抗旱、抗潮特性，实现种子质量标准化。

二、适用范围

本技术适用于常见的豆科、禾本科牧草种子。

三、技术流程

基本加工工序包括粗选/初选、预加工（除芒/刷种/脱荚）、基本清选（风筛清选/比重清选/窝眼清选）、特定清选（螺旋分离/倾斜布面清选/磁力清选/光电色泽清选）、种子包衣、计量包装等。

典型的国内外牧草种子加工工艺流程如图1和图2所示。

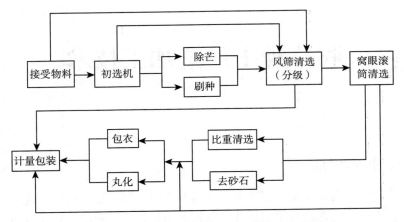

图1 禾本科牧草种子加工工艺流程图

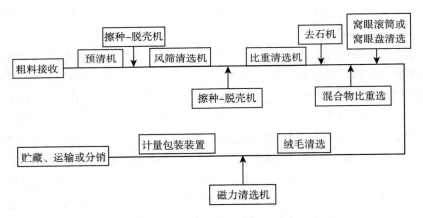

图2 三叶草、苜蓿、胡枝子及类似的小粒豆科牧草种子的
一般清选程序（Greg，2009）

（一）老芒麦等禾本科牧草种子加工工艺

参照图1，老芒麦等禾本科种子的加工工艺过程应该是：干燥—初选—除芒（或刷种）—风筛清选（分级）—窝眼滚筒清选—比重分选（或去石）—包衣（或丸粒化）—计量包装。以上工艺配套基本满足老芒麦等禾本科牧草种子加工的所有要求。考虑到不同来料和不同加工需求，可适当对工艺流程进行变换。

（二）苜蓿等豆科牧草种子加工工艺

参照牧草种子加工工艺流程图（图2），苜蓿等豆科种子的加工工艺过程应该是：干燥—初选—风筛清选（分级）—窝眼滚筒清选—比重分选（或去石）—包衣（或丸粒化）—计量包装。

四、技术内容

  牧草种子的清选加工可以利用针对不同环节的单机设备，如初选机（图3、图4）、除芒机、刷种机、风筛清选机、窝眼滚筒清选机、比重分选机、去石机、种子包衣机、种子丸粒化设备和计量包装设备等。也可以是利用附属装置（如：输送系统、除尘系统、排杂系统、贮存系统、电控系统和工况显示系统等）将各个环节的专用设备连接起来，组成一个流水线的成套设备。

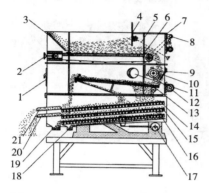

图3　109型初选机结构示意图

1. 观察门　2. 皮带张紧装置　3. 进料斗　4. 进料斗活门
5. 料斗活门控制装置　6. 喂入皮带机　7. 带轮调整支座
8. 皮带机驱动装置　9. 钉齿脱粒滚筒　10. 固定脱粒齿杆
11. 除尘接口　12. 滚筒驱动装置　13. 键式逐稿器　14. 上筛
15. 中筛　16. 低筛　17. 偏心轴　18. 低筛筛下物出料管口
19. 好种子出口　20. 中筛杂质出料槽　21. 上筛杂质出料槽

图4　苜蓿种子初选机，筛选后苜蓿种子净度达94%以上

（一）粗选/初选

  该工艺主要用于除去混入种子里的空壳，茎叶碎片、泥沙、石砾等掺杂物。常用的种子初选机有两种类型：一种是在进料装置后设置脱粒部件和起分离作用的逐稿器等，用于对来料中未脱净的籽粒作进一步的脱粒、分离和清选；另一种是与风筛选部件相结合，通过风选和筛选来对种子进行粗选。

（二）预加工（脱荚/壳、除芒、刷种）

  对带荚果的豆科牧草种子，通常需要进行脱荚、脱壳的工序。

  对禾本科牧草种子，通常还需要用到除芒机和刷种机（图5、图6）。除芒机是采用旋转除芒杆或翼板及与其配合的外壳，对草籽表面施加搓挤打击作用，使种子之间产生一定的压力和摩擦力。通过籽粒间的挤压和摩擦结合打击作用，得以除去芒、刺毛、松散的颖片等。刷种机主要是由长转刷和筛网组成，物料在圆筒筛底部，刷子做圆周运动，对种子起梳刷和带动作用，刷体运动时，种子和筛网、种子和刷面产生有压力的摩擦，种子之间也产生摩擦，在各种力的综合作用下，除掉种子上的芒、刺、绒等附着物，使种子表面清洁光滑。除芒和刷种能够减少牧草种子的芒、刺钩造成的缠绕、架空和堵塞，改善种子流动性，清除种子表面黏附的泥土，减轻后续加工的负荷，对一些牧草种子来说，除芒和刷种是必不可少的工序。

图 5　除芒/刷种机

图 6　脱壳/擦种机

（三）基本清选

1. 风筛清选

风筛清选主要用作基本清选，根据种子与混杂物在大小、外形和密度上的不同而进行清选的，是一切种子初选后必不可少的工序，由风选和筛选两部分组成，以基本达到草籽加工净度要求为目的。目前，最常用的结构由 2～4 层筛子，和 1～2 条风选管路组成。

常用的筛子从制作方法上来分主要有冲孔筛、编织筛和可调鱼鳞筛

（图7、图8）。一般常用冲孔筛面的筛孔有圆孔、长孔和三角形孔等形状。在使用时应根据种子形状和大小，选用不同形状和大小规格的筛孔进行分离，把种子和杂物分开，也可把不同长短和大小的种子进行精选分级。

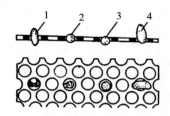
图7　圆孔筛清选种子的原理
1、2、3：种子宽度小于筛孔直径（能通过筛孔）
4：种子宽度大于筛孔直径（通不过筛孔）

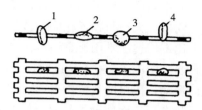
图8　长孔筛清选种子的原理
1、2、3：种子厚度小于筛孔直径（能通过筛孔）
4：种子厚度大于筛孔直径（通不过筛孔）

气流筛选机的工作原理为，种子由进料口加入，靠重力送入送料器，送料器定量地把种子送入气流中，气流首先除掉轻的杂物，如茎叶碎片、颖片等，其余种子撒布在最上面的筛面上，通过此筛将大混杂物除去，落下的种子进入第二筛面，在第二筛面按种子大小进行粗筛选，接着转到第三筛面进行精筛选，种子落到第四筛进行最后一次清选。可根据所清选牧草种子的大小选择不同大小形状的筛面（图9）。

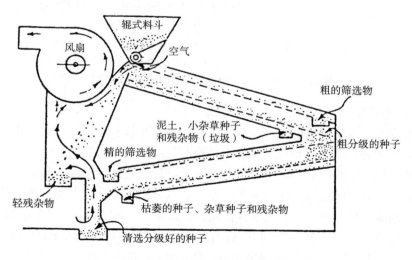
图9　空气筛种子清选机示意图

风筛清选法只有在混杂物的大小与种子的体积相差较大时，才能取得较好的效果。如果差异很小，需选用其他清选方法。

2. 比重清选

根据种子与混杂物的密度和比重差异清选种子。大小、形状、表面特征相似的种子，其重量不同可用比重清选法分离；破损、发霉、虫蛀、皱缩的种子，大小与优质种子相似，但比重较小，利用比重清选设备，清选的效果特别好。同样，大小与种子相同的沙粒、土块也可被清选出去。

比重清选法常用比重清选机进行，比重清选机的主要工作部件是风机和分级台面（图 10）。种子从进料口喂入，清选机开始工作，倾斜网状分级台面沿纵向振动，风机的气流由台面底部气室穿过网状台面吹向种子层，使种子处于悬浮状态，进而使种子与混杂物形成若干密度不同的层，低密度成分浮起在顶层，高密度的在底层，中等密度的处于中间位置。台面的振动作用使高密度成分顺着台面斜面向上做侧向移动，同时悬浮着的轻质成分在本身重量的作用下向下做侧向运动，排料口按序分别排出石块、优质种子、次级种子和碎屑杂物。

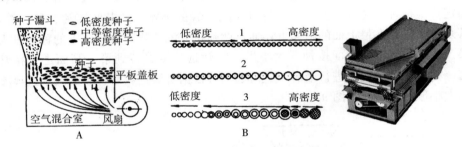

图 10　种子比重分离原理示意图

A. 比重分离器的剖面图　B. 种子的比重分选

1. 大小相同，密度不同　2. 密度相同，大小不同　3. 密度大小均不同

3. 窝眼清选

根据种子及混杂物的长度差异清选种子，有正选和逆选之分。窝眼筒的窝眼有钻成和冲压两类。钻成的窝眼形状有圆柱形和圆锥形两种，而冲压的窝眼可制成不同规格的形状。喂入到筒内的种子，其长度小于窝眼口径的，就落入圆窝内，并随圆筒旋转上升到一定高度后落入分离槽中，随即被搅龙运走。长度大于窝眼口径的种子，不能进入窝眼，沿窝眼筒的轴向从另一端流出。窝眼筒可以将小于种子长度的夹杂物分离出去，选用窝眼口径小于种子长度的窝眼筒进行筛选；也可将大于种子长度的夹杂物分离出去，选择窝眼口径大于种子长度的窝眼筒进行筛选。窝眼筒一般由金属板制成，内壁上有圆形窝眼，可水平或稍倾斜放置。工作时，筒做旋转运动，在圆筒中安有铁板制成的 V 形分离槽，收集从窝眼落下的种子。分离槽内一般装有搅龙，用来排出槽内种子（图 11）。

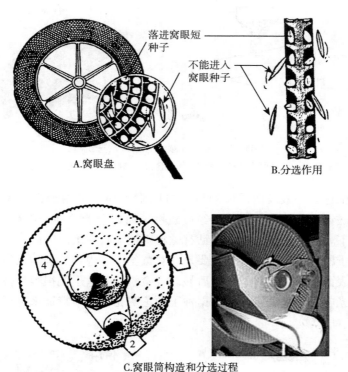

A.窝眼盘

B.分选作用

C.窝眼筒构造和分选过程

图 11　窝眼盘和窝眼筒的分离作用

1. 种子落入窝眼筒壁　2. 收集调节　3. 分选调节　4. 输送搅龙

（四）特定类型杂草种子清选

除了以上常用的清选步骤以外，还有针对特定杂草种子而研制的清选设备，如菟丝子布面清选机等。

（1）螺旋分离机、倾斜布面清选机和磁力清选机，主要是利用种子和混杂物表面特征的差异进行清选工作的设备。

螺旋分离机的主要工作部件是固定在垂直轴上的螺旋槽，待清选的种子由上部加入，沿螺旋槽滚滑下落，并绕轴回转，球形光滑种子滚落的速度较快，故具有较大的离心力，就飞出螺旋槽，落入挡槽内排出。非球形或粗糙种子及其杂质，由于滑落速度较慢，就会沿螺旋槽下落，从另一口排出。

倾斜布面清选机（图 12）靠一倾斜布面的向上运动将种子和杂质分离，物料从倾斜布面中央的进料口喂入，圆形或表面光滑的种子，可从布面滑下或滚下，表面粗糙或外形不规则的种子及杂物，因摩擦阻力大于其重力在布面上的分量，所以会随布面上升，从而达到分离的目的。

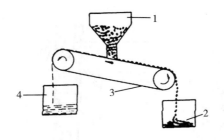

图 12　带式（倾斜布面）清选机

1. 种子漏斗　2. 圆的或光滑的种子　3. 粗帆布或塑料布　4. 扁平的或粗糙的种子

磁粉筛选，一般表面粗糙的种子可吸附磁粉，当用磁性分离机（图 13）清选时，磁粉和种子混合物一起经过磁性滚筒，光滑的种子不粘或少粘磁粉，可自由落下，而杂质或粗糙种子粘有磁粉则被吸收在滚筒表面，随滚筒转到下方时被刷子刷落。该筛选方法主要是针对菟丝子等很难处理的杂质。原理主要是菟丝子表面粗糙，通过磁粉筛后易黏合磁粉的菟丝子就很容易被清理出来。

（2）光电色泽分离机，是根据种子颜色明亮或灰暗特征来进行种子清选工作的设备（图 14）。

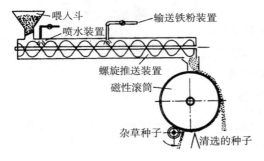

图 13　磁性分离机　　　图 14　毛苕子清选，光电色泽种子分离机
（江苏盐城海缘种业公司）

需要分离的种子在通过一段照明的光亮区域时，每粒种子的反射光与事先在背景上选择好的标准光色进行比较。当种子的反射光不同于标准光色时，即产生信号，这种种子就从混合群体中被排斥落入另一个管道而分离。

（五）种子包衣

种子包衣是利用黏着剂或成膜剂，将含有农药、肥料、微生物、营养元素、生长调节剂等有效成分的种衣按一定比例均匀有效地包裹到种子表面，使种子均匀一致的处理技术，使提高种子抗逆性、抗病性，提高质量，实现种子质量标准化的重要措施。该工艺要求种衣剂必须在种子表面分布均匀，同时要严格控制好药种比例，并根据不同饲草作物和不同防治对象选用不同剂型的种衣剂。此外，在生产实践中，包衣种子通常在饲草种子播种前进行。一般是当年包衣，当年播种，因为包衣种子不耐贮藏。若要对包衣种子进行贮藏，必须根据其贮藏特性，有针对性地采取相应的技术措施，才能达到安全贮藏的目的（图15）。

图15　种子包衣机

（六）计量包装

牧草种子的计量包装是把经过清选、干燥和包衣等处理的新收获种子，用专用的种子定量包装机进行装填入袋并进行封口的一道作业工序。具有方便和保证贮运、防止饲草品种间混杂、感染病虫害以及种子变质，同时有利于销售买卖、防止假冒和便于识别等多种功能（图16、图17）。

图16　种子计量包装
（酒泉大业种业公司种子加工厂）

图17　美国俄勒冈州的牧草种子加工厂

（王显国、宁亚明、毛培胜、李曼莉、张泉、吴欣）

科尔沁沙地苜蓿干草调制技术

一、技术概述

近年来，科尔沁沙地苜蓿产业发展迅速，苜蓿种植面积达 70 万亩，已成为我国面积最大的集中连片优质苜蓿干草生产基地。苜蓿干草最大优点是调制工艺简便、便于运输、可实现长时间保存和商品化流通，可以缓解优质饲草年季间供应不均衡性和波动性，也是制作草粉、草颗粒和草块等其他草产品的原料。

苜蓿干草调制是一项减少损耗的技术，其关键在于通过精准控制刈割、晾晒、搂草、打捆等环节，最大限度地提高作业效率、管控减产与品质降低。影响干草调制成败的最大因素是降雨，该区苜蓿第二、三茬刈割期间正值雨季，第一茬如不能在当年 6 月 5 日之前收割，后续收获受降雨影响的概率会显著增加。因此，如何安全、高效地调制干草是目前本区苜蓿产业面临的首要技术问题之一。

二、适用范围

该技术主要适用于科尔沁沙地的苜蓿收获与干草调制。

三、技术流程

该区苜蓿通常每年刈割三茬，干草调制技术的关键是如何避免刈割后淋雨，在尽可能短的时间内，完成收割、摊晒、搂草、打捆作业，并尽可能地减少机械作业次数，把握好各个流程苜蓿含水量的关键节点，避免或尽量降低苜蓿干草因含水量过高，或受雨淋而发霉变质带来的经济损失（图 1）。

四、技术内容

（一）刈割

1. 刈割茬次

苜蓿刈割次数与时间、温度、雨水等气候因子有关。科尔沁沙地区域苜蓿

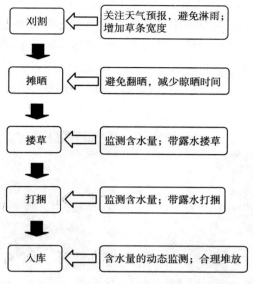

图1　科尔沁沙地苜蓿干草调制技术流程图

每年刈割三茬为宜。第一茬通常在苜蓿处于现蕾末期—初花期，6月5日之前刈割；第二茬在苜蓿处于初花期，7月10日之前收割；第三茬在8月20日前收割（根据实际生长情况，最早可在8月10日之前刈割）。

2. 刈割时间

为获得高品质苜蓿干草，宜在现蕾末期或初花期进行刈割。生产中，在接近上述生育期的时间范围内皆可进行收割，是否刈割的决定因素往往不是是否准确地达到特定生育期，而是天气条件是否符合干草调制要求（避免雨淋）。临近上述生育期时，要密切关注当地的天气预报。视收获面积的不同，一般预报5～7d无雨则可以安排刈割作业。天气预报不准确时会遭受雨淋。通常，如割后即遭淋雨并不显著影响后续的干草调制；但若割草后晾晒后植株含水量下降到50%以下时，遭受淋雨会损失50%～60%的营养物质，淋溶损失是最大损失。因此，应坚决避免苜蓿刈割晾晒后遭遇雨淋的情况。

刈割苜蓿前3～4d应停止灌溉，以利于机械作业，并缩短干草调制时间。

3. 留茬高度

刈割后的留茬高度直接影响苜蓿的再生性；一般情况下，苜蓿刈割留茬高度为5～6cm，末次刈割留茬不低于8cm，以利于安全越冬。

4. 草条宽度

为了加速干草调制进程，提高干草调制效率，近两年来，该区企业逐步开始倾向于使用带有压扁装置的自走式割草压扁机械（图2、图3），并逐步增加铺草宽幅。以爱科 MF - WR9860 型号自走式割草机为例，其割幅可达 4.9m，草条最宽可达 2.43m。割草机压扁装置的效率在干草调制中至关重要。该装置通过压扁茎秆，破坏茎角质层及维管束，进而起到促进茎秆快速失水干燥的作用。通常牵引式割草压扁机没有自走式割草压扁机压扁效果好。刈割过程中将压辊压力调到适中，行走速度不宜过快，通常不超过 10km/h，中度压扁，裂而不断。

图 2　自走式割草压扁机　　　　图 3　侧牵引式割草压扁机

通过增宽刈割后草条放铺宽度，草堆变薄，使得晾晒之后苜蓿干燥更加均匀，这样既缩短了干燥时间，减少日光暴晒时间，又可以避免翻晒作业导致叶片脱落。

（二）晾晒

苜蓿刈割后，为了加快干草调制过程，可采用翻晒机摊草后进行晾晒。应多利用早、晚时间段翻晒，此时翻晒叶片脱落较少。最好在割草后等地面晒干再摊晒，可减少露水的影响；拨齿离地距离不少于 2cm，在草条较厚时，草条最好翻摊 1～2 次，利于干燥均匀。

（三）搂草

搂草集垄的最佳含水量为 35%～40%，在该含水量下，干燥速率显著增加，同时避免了苜蓿太干时严重的叶片损失。研究表明，当草条含水量为 20% 时搂草，叶片损失量为 21%；含水量为 50% 时搂草，叶片损失量为 5%。

此外，搂草时间也会影响叶片损失率，通常宜选择清晨或傍晚搂草，尽量避免在中午或中午前后进行搂草作业。

采用水平耙式搂草机等新型机械（图 4、图 5），耙齿可调整至距地面 2cm，以减少泥土的混入，显著降低干草的灰分含量。草条晾晒过程中若遭受轻度雨淋，应待上面草层雨水完全蒸发后再搂草。

图4　指盘式搂草机　　　　　图5　水平耙式搂草机

（四）打捆

该区生产的苜蓿草捆主要为大方捆，草捆重约450～520kg，具体规格因打捆设备型号和生产需要的不同而不同。比如，某国外厂家目前在中国销售的6个大方捆打捆机机型的草捆截面规格主要有3种：800mm×700mm；800mm×900mm；1 200mm×700mm。

摊晒的苜蓿干草含水量降至12%～14%时，方可压制大方捆。若干草含水量低于12%，叶片破碎，叶片脱落严重；若干草含水量过高，则会产生霉菌、变色，甚至自燃的问题。打捆的最大含水量取决于捆包的尺寸和密度。天气条件不利时，也可以通过减少打捆密度来增加失水效率。打捆作业应避开上午、中午阳光辐射强的时段，防止叶片太干燥而导致落叶严重，但也应避开清晨露水过多的时段；宜选择早上或傍晚大气湿度相对较高的时段，若晚上的湿度适中，亦可连夜作业。如苜蓿干草含水量已达到标准，由于露水或者天气原因导致草的含水量略高，也可进行打捆作业，因为外来的自由水比茎叶中的结合水更容易消散。

田间判断苜蓿干草是否适宜打捆的简易方法如下：①扭曲法：双手握住一束苜蓿茎秆，双手反方向用力拧，若茎秆开裂，则达到可以打捆的含水量。②刮茎法：用指甲刮苜蓿茎秆表皮，若刮不下表皮，则表明苜蓿已充分干燥。

如使用防腐剂，可在干草含水量16%～25%时进行打捆作业，该做法有利于减少叶片损失，缩短晾晒时间，进而有助于避免雨淋造成的损失。不过，目前很多国内奶牛场并不认可经防腐剂处理、含水量较高的苜蓿干草，而更倾向于购买、使用未经防腐剂处理、含水量14%及以下的苜蓿干草，这在很大程度上限制了防腐剂在本区的应用。

（五）存储

储藏时，草捆含水量至关重要，平均水分不要超过15%。研究表明，含水量达到20%，霉菌活跃产生毒素，干草适口性降低；同时霉菌呼吸会产生热量，当干草温度超过 38℃时，开始出现褐变反应；褐变反应会导致温度进一步升高，当草捆温度超过 66℃时，可能导致自燃（表 1）。当大草捆在含水量超过 30％时，则有可能发生自燃。因此，当大草捆含水量过高时，则应把草捆留在田间直至降至安全含水量后方可入库。

表 1　干草发热造成的危害或不利影响

温度（℃）	危害或不利影响
46～52	当含水量较高，会滋生霉菌，降低适口性
>49	发热会降低蛋白质、纤维素和碳水化合物的消化率
54～60	干草变为褐色，由于分解出焦糖而适口性增加，但营养价值降低
>66	干草可能变黑，发生自燃

草捆入库后及时建立草垛档案，做编号、等级、日期、含水量等的记录，并且应在入库后的第一个月内定期检测含水量，跟踪记录草垛含水量变化情况。

（王显国、荆照、张玉霞、田永雷、达布希拉图、周岩、王国君）

秸秆微贮和压块加工技术

一、技术概述

我国农作物秸秆年产量超过 6 亿 t。农作物秸秆若直接作为饲料，由于其粗纤维含量较高，而蛋白质、矿物质、可溶性碳水化合物等含量较少，营养价值偏低；其质地坚硬，口感较差，家畜采食量小，消化率低。但若对农作物秸秆进行合理的加工处理，降低秸秆中木质纤维素含量，改善其适口性，提高营养价值，便可在一定程度上提高动物对秸秆的采食量、消化率，从而提高农作物秸秆的利用率，提高饲料报酬及经济效益。

农作物秸秆饲料化加工的方法主要有秸秆微贮（青贮、黄贮）、秸秆氨化、秸秆碱化、秸秆揉搓丝化（微贮、干草捆）、秸秆膨化、秸秆压块饲料、秸秆颗粒饲料加工等。其中，秸秆微贮（青贮、黄贮）、秸秆氨化、秸秆碱化、秸秆揉搓丝化（微贮）4 种加工处理方式，除了改善饲料的适口性和提高消化率之外，显著改善了秸秆饲料的营养价值，是目前应用最为广泛的秸秆饲料化处理技术。

二、技术特点

综合考虑饲料加工效益和生态环境安全，该技术主要选取了秸秆微贮（窖贮）、秸秆揉搓丝化（微贮）、秸秆压块饲料 3 项秸秆饲料化加工技术内容。3 项技术均可以显著提高加工后秸秆饲料的适口性、消化率、采食量和饲喂价值。本技术适用于所有农作物种植区的农作物秸秆饲料化参考使用。

三、技术流程

见图 1。

四、技术内容

（一）秸秆微贮（窖贮）技术

1. 原料准备

（1）秸秆切碎：采用机械进行切碎，切碎长度 1～2cm。

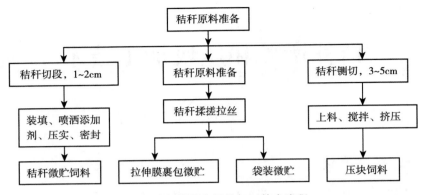

图 1　秸秆微贮和压块加工技术流程

（2）原料含水量：原料含水量应控制在 65%～75%，用手握紧切碎的作物秸秆，指缝有液体渗出而不滴下为宜。

（3）原料含水量调整：作物秸秆含水量不足时，可在切碎秸秆中喷洒适量的清水，或与水分多的青贮原料混贮。原料含水量过大，可适当晾晒或加入一些粉碎的干料，如麸皮、果渣、草粉等。

2. 原料装填与压实

（1）微贮原料的装填与压实作业要交替进行，而且要迅速、均匀。

（2）将切碎后的作物秸秆逐层、均匀装入青贮窖内，每装约 20cm 厚的原料后，用青贮压窖机或自重较大的轮式拖拉机反复碾压将原料充分压实，压实后的装填面应无明显轮胎印痕。

（3）微贮原料应以楔形填装，逐层充分压实，并根据密封的要求分段装填。

（4）原料装填过程中，宜保持装填面呈现中间略低、窖壁附近略高的凹面，以确保窖壁等边角能够充分压实。

（5）装填完成时，微贮原料应高出窖口 30～40cm，并呈中间凸起，以便雨水排出。

（6）青贮窖应在 3d 内完成装填，大型青贮窖可分段装填，每段装填耗时不超过 3d。

3. 原料压实密度

作物秸秆微贮时原料压实密度应达到 700kg/m³ 以上，原料压实前后的体积压缩比应达到 2∶1 以上。

4. 添加剂添加

（1）在原料切碎或装填时均匀喷洒专用青贮添加剂，可选择性加入促进乳酸菌增殖、抑制有氧变质、改善发酵品质、提高营养价值的乳酸菌制剂，乳酸菌制剂添加量一般在 20g/t 秸秆鲜重。添加剂的使用应符合 NY/T 1444 的规定。

（2）喂牛、羊的秸秆微贮在原料切碎或装填时可均匀添加适量尿素，也可加入适量食盐。尿素的添加量为秸秆总重量的 0.3%～0.5%，食盐的添加量为秸秆总重量的 0.10%～0.15%。

5. 密封

完成装填与压实作业后，用塑料薄膜将原料完全盖严，立即密封。在塑料薄膜上，从四周开始自下而上压一层废旧轮胎或其他无棱角的重物镇压，保持薄膜与原料紧密贴合。

6. 贮后管理

青贮窖密封后，定期检查顶部塑料薄膜以及青贮窖的墙体，如有裂缝或塌陷应及时修补，顶部出现积水及时排除。为防止雨水渗入窖内，青贮窖四周距窖口 50cm 处挖 20cm×20cm 的排水沟。

（二）秸秆揉搓丝化微贮技术（裹包微贮、袋装微贮）

1. 基本原理

农作物秸秆揉丝微贮是将作物秸秆经过揉搓拉丝、添加秸秆发酵菌剂、压实、密封而进行的发酵过程。揉丝微贮的原理是秸秆在微贮过程中，在适宜的温度和厌氧环境下，经秸秆发酵菌剂的快速发酵作用，抑制了丁酸菌、腐败菌等有害菌的繁殖，将大量的木质纤维类物质转化为糖类，糖类又经有机酸发酵转化为乳酸和挥发性脂肪酸，使 pH 降低到 4.5～5.0，从而达到长期保存饲料的目的。

2. 技术特点

一是在切割技术上，改变传统的横切为纵切，通过切揉过程破坏秸秆表面硬质茎节，提高了畜禽消化吸收水平，揉丝加工后的饲草，宽度为 3～5mm，长度为 3～10cm，质地柔软，把畜禽不能直接采食的部分秸秆加工成了适口性较好的饲料，采食速度提高 40%，秸秆利用率提高 50%，达到了 98% 以上。

二是通过生物发酵技术处理，使秸秆的木质素、纤维素被降解成低聚糖、乳酸和挥发性脂肪酸，木质素由 12% 降解到 5% 左右，通过微生物的繁殖，使秸秆蛋白质含量增加，由原来的 4%～5% 提高到 8.5%～12%，增加了秸秆的营养价值，提高了饲料的适口性，家畜采食量可增加 20%～40%。

3. 技术内容

（1）秸秆揉搓拉丝。用揉搓机械对农作物秸秆进行纵向压扁揉搓和铡切揉搓，改传统的横切为纵切，以破坏秸秆表面的角质层和茎节。经揉搓拉丝的作物秸秆呈长丝、条状，质地柔软，易压实打捆，专家称之为"秸秆加工90度革命"。农作物秸秆揉搓丝化微贮的适宜含水率为55%~65%，干秸秆挤丝揉搓后需适当加水以达到适宜含水率。

（2）添加乳酸菌发酵菌剂。每1 000kg秸秆草丝中加入纯乳酸菌发酵菌剂的量为0.3~0.4kg。喷洒加水复活后的乳酸菌发酵菌剂时，要有计划地掌握喷洒重量，使秸秆草丝含水率控制在55%~65%，否则过湿易烂包，过干则效果不佳。乳酸菌发酵菌剂喷洒一定要均匀。

（3）打捆压实。主要是将物料间的空气排出，最大限度地降低秸秆草丝的氧化。该工序是由打捆机来完成的，是将加入了乳酸菌发酵菌剂的农作物秸秆草丝用打捆机进行打捆，草捆压实密度为700~800kg/m³。

（4）裹包或装袋密封。将打捆压实的农作物秸秆草丝用专用青贮塑料袋或拉伸膜进行包装密封贮存。经过3~6周发酵，即可开袋或开包进行饲喂。

（三）农作物秸秆压块饲料加工技术

1. 基本原理

农作物秸秆压块饲料加工技术，是利用专用机械对秸秆进行铡切、搅拌、高压高温压制成型的过程。压制过程中秸秆由生变熟，达到了消毒灭菌，改善秸秆的适口性，提高秸秆的消化吸收率，增加秸秆的营养成分。秸秆压块饲料压制密度一般为0.6~0.8t/m³。

2. 技术特征

一是原料体积被缩小到1/15~1/8，便于储存和运输，有利于商品化流通。二是对原料施以高温足以钝化物料中引起腐败的酵素，减少在短时期内造成物料中营养成分的迅速破坏，增强产品贮存过程中的稳定性。三是秸秆经过机械化压块加工后由生变熟，易消化吸收且适口性提高，采食率达100%。

3. 技术内容

（1）配套机械设备。压块饲料的加工装备为牧草/秸秆压缩成套设备，设备由铡切系统、上料系统、搅拌系统、压缩系统、输出系统五个系统组成。

（2）原料秸秆处理。农作物秸秆原料经晾晒风干后，经铡切系统进行铡切，铡切长度以3~5cm为宜；铡切后进行搅拌堆积，使湿度均匀，水分控制在20%为宜。

（3）上料搅拌。通过输送系统上料，上料要求保持均匀，尽量去除原料中的杂质。原料进入搅拌系统进行搅拌，该系统中的除铁装置可以有效去除原料中的金属物质。

（4）原料摩擦挤压。搅拌后的原料进入压缩系统进摩擦挤压，并通过模块形成成品，同时有规则的挤出，出口最高温度可达 100℃，原料由生变熟。

（5）压块饲料成品输出。成品通过冷却输出系统输出，经晾晒去除水分后一般水分含量以 14％以下为宜，然后进行称重包装、储存或运输。

五、成本效益分析

（一）秸秆微贮（窖贮）技术成本效益分析

以玉米秸秆微贮为例。秸秆微贮（窖贮）技术作业成本构成（元/t）：原料 100 元，人工费 60 元，机械维修及折旧费 29 元，青贮添加剂 20 元，原料损耗费 10 元，运费 10 元，覆盖材料费 1 元，水费 2 元，合计 232 元。

效益分析：玉米秸秆微贮饲料每吨售价 300 元左右，则加工 1t 玉米秸秆微贮饲料的纯效益为 280 元/t－232 元/t＝48 元/t。

（二）秸秆揉搓丝化微贮技术成本效益分析

以玉米秸秆揉搓丝化微贮为例。作业成本构成（元/t）：原料 100 元，人工费 50 元，机械维修及折旧费 40 元，青贮添加剂 15 元，原料损耗费 5 元，运费 10 元，裹包或袋装材料费 45 元，水费 1 元，合计 276 元。

效益分析：玉米秸秆揉搓丝化微贮饲料每吨售价 300 元左右，则加工 1t 玉米秸秆揉搓丝化微贮饲料的纯效益为 330 元/t－276 元/t＝54 元/t。

（三）秸秆压块饲料加工技术成本效益分析

以玉米秸秆压块饲料加工为例。作业成本构成（元/t）：原料 100 元，人工费 40 元，机械维修及折旧费 25 元，原料损耗费 5 元，运费 10 元，电费 30 元，包装材料费 20 元，其他 15 元，合计 245 元。

效益分析：玉米秸秆秸秆压块饲料每吨售价 350 元左右，则加工 1t 玉米秸秆压块饲料的纯效益为 350 元/t－245 元/t＝105 元/t。

六、注意事项

（1）微贮窖启封后，应连续使用直到用完。切忌取取停停，以防霉变。开窖后加强管理，防止暴晒、雨淋、结冰及混入泥土。严禁掏洞取料。每次应取足畜群一天用量。取出后不宜放置过久，以防变质。

（2）秸秆揉搓丝化微贮技术要求秸秆的含水率控制在 55％～65％。农作物收获后一般秸秆水分含量较大，需晾晒；农作物干秸秆则需适当加水以达到适宜含水量。

（3）在秸秆微贮、揉搓丝化微贮和秸秆压块饲料加工过程中，要注意农作物秸秆原料质量，确保加工后的饲料质量安全。加工前，要严格剔除发霉、腐烂的秸秆，清除干净秸秆中的杂物。

七、引用标准

（1）GB/T 22141 饲料添加剂：复合酸化剂通用要求；

（2）GB/T 22142 饲料添加剂：有机酸通用要求；

（3）GB/T 22143 饲料添加剂：无机酸通用要求；

（4）GB/T 25882 青贮玉米品质分级。

（刘忠宽、刘振宇、秦文利、谢楠、冯伟、智健飞）

苜蓿混合窖贮技术

一、技术概述

苜蓿是优质的豆科牧草，富含蛋白质、氨基酸、维生素和矿物质等，具有较高的经济效益、生态效益、社会效益，是我国畜牧业生产的重要优质牧草。作为青贮原料，其存在可溶性糖含量低、缓冲能高、干物质含量低、附着的乳酸菌数量低等不足。青贮原料中蛋白质含量过高，青贮过程易于发生蛋白水解，造成青贮饲料养分严重损失；可溶性糖含量过低，不能满足乳酸菌快速繁殖的碳需求，乳酸生成量少不能快速降低青贮饲料的 pH。青贮过程中的乳酸菌为原料自身附着菌群，乳酸菌附着量低，在青贮过程中乳酸菌不能快速形成优势菌群，不能有效抑制其他有害菌繁殖，使青贮饲料养分损失加剧乃至青贮失败。为弥补苜蓿青贮时的营养缺陷，苜蓿通常与另一种或一种以上的青贮原料进行混合，达到取长补短效果，提升苜蓿青贮发酵品质，这种青贮技术被称为苜蓿混合青贮技术，该技术的青贮效果已得到广泛认可。

二、技术特点

该技术主要适用于黄淮海平原区，同时可供华北平原其他地区、西北地区、东北地区等地苜蓿生产区参考使用。该技术解决了苜蓿青贮困难以及秸秆饲料化利用问题，相对提升与之混合饲草的营养价值。通过本技术的实施，可以将苜蓿的养分损失降低至15％以下（田间损失＋贮藏损失），实现苜蓿产品的提质增效与秸秆的饲料化利用，为我国畜牧业的快速发展提供优质饲草供给保障，为秸秆饲料化利用提供技术支撑。

三、技术流程

根据与苜蓿混合青贮原料的水分含量确定苜蓿青贮时是否需要萎蔫，混贮原料含水量较低时，苜蓿不需要萎蔫处理；水分含量较高时，苜蓿需要萎蔫处理（图1）。

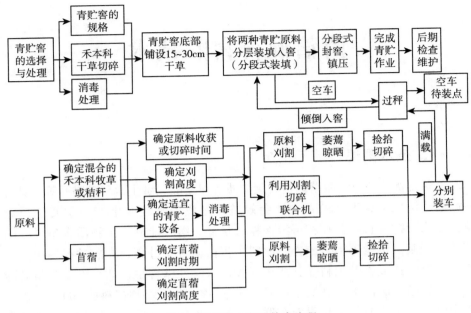

图 1　苜蓿混合窖贮技术流程

四、技术内容

（一）青贮窖的选择与处理

（1）青贮窖最好两端均可装填，高度控制在 2.5～3.0m，根据每天取用 20～30cm 的青贮料断面，设定青贮窖宽度，青贮窖的长度根据场地条件、青贮饲料数量与青贮密度等确定。

（2）青贮制作前一个星期要对青贮窖进行消毒处理，消毒液一般使用 5% 的碘伏溶液或 2% 的漂白粉消毒液。

（3）选择禾本科干草，按照青贮饲料标准切碎（长度控制在 5cm 以内），将切碎的干草逐层（每层的厚度为 10～15cm）铺在青贮窖底部，并逐层压实。装填总厚度为 15～30cm（压实后）。

（二）混合青贮原料的选择

选择与苜蓿同期刈割的禾本科牧草或秸秆，禾本科原料应富含可溶性碳水化合物、干物质含量高（干物质含量在 30% 以上）、附着有大量的乳酸菌（乳酸菌数量在 1.0×10^5 cfu/g FM 以上）。如苜蓿可以与全株青贮玉米、高丹草、黑麦草、大麦、燕麦、谷草、小麦、披碱草、小麦秸秆、玉米秸秆等禾本科原料混合青贮，混贮的营养成分和发酵品质均较好（表 1—表 4）。建议混贮禾本科原料比例控制在 30%～70%。

表1　苜蓿与玉米不同比例混贮营养成分

玉米∶苜蓿	干物质 DM（%）	粗蛋白 CP（%DM）	可溶性碳水化合 WSC（%DM）	中性洗涤纤维 NDF（%DM）	酸性洗涤纤维 ADF（%DM）	相对饲喂价值 RFV
0∶10	29.28	19.84	1.35	39.55	25.27	162
3∶7	45.16	19.06	1.40	42.32	32.92	139
5∶5	42.89	17.72	1.46	46.23	33.50	126
7∶3	41.37	16.28	1.63	50.91	35.23	112
10∶0	22.45	10.63	2.71	58.61	37.02	95

注：改编自王林等，2011。

表2　苜蓿与玉米不同比例混贮发酵品质

玉米∶苜蓿	pH	乳酸含量（%TA）	各种挥发性脂肪酸的含量（%TA）			氨态氮/总氮（AN/TN，%）
			乙酸	丙酸	丁酸	
0∶10	4.74 a	58.69 b	24.12 a	17.20 a	1.78 b	12.72 a
3∶7	4.67 a	65.20 ab	24.54 a	9.97 bc	0.28 a	8.85 b
5∶5	4.43 b	65.07 ab	20.95 ab	13.70 ab	0.28 a	6.79 c
7∶3	3.99 c	68.33 a	20.36 b	11.31 bc	0.00 a	5.42 d
10∶0	3.71 d	72.30 a	18.93 b	8.43 c	0.00 a	3.79 e
标准误 MSE	0.003	8.737	2.043	3.716	0.109	0.117
P 值	＜0.001	0.003	0.040	0.034	0.736	0.001

注：表中同列不同字母表示差异显著（P＜0.05）。来自：王林等，2011。

表3　混贮饲料的发酵品质

苜蓿草渣∶小麦秸秆	10∶0	8∶2	7.5∶2.5	7∶3	6.5∶3.5	SEM
pH	4.97 a	4.50 b	4.47 bc	4.44 bc	4.37 c	0.03
乳酸（%，DM）	3.52 c	4.52 b	5.44 a	4.34 b	5.93 a	0.15
乙酸（%，DM）	3.19 a	2.22 b	1.85 c	2.37 b	1.71 c	0.09
丙酸（%，DM）	0.00 b	0.00 b	0.00 b	0.00 b	0.12 a	0.00
丁酸（%，DM）	0.13 a	0.00 b	0.00 b	0.00 b	0.00 b	0.00
氨态氮/总氮（%）	7.08 c	8.29 b	8.82 ab	9.06 ab	9.59 a	0.29

注：表中同列不同字母表示差异显著（P＜0.05）。来自：薛艳林等，2008。

表 4　混贮饲料的营养成分

苜蓿草渣：小麦秸秆	10：0	8：2	7.5：2.5	7：3	6.5：3.5
干物质（%）	20.75	27.93	31.06	32.60	37.02
可溶性碳水化合物（%，DM）	0.89	0.69	0.67	0.72	0.83
粗蛋白质（%，DM）	15.99	12.07	11.65	11.28	10.71
中性洗涤纤维（%，DM）	45.93	49.80	51.18	51.57	53.32
酸性洗涤纤维（%，DM）	30.82	33.39	33.44	34.00	34.98
酸性洗涤木质素（%，DM）	4.45	5.92	5.00	5.00	5.45
相对饲喂价值（RFV）	131	117	114	113	108

注：改编自薛艳林等，2008。

（三）苜蓿刈割时期

雨季苜蓿适时刈割是苜蓿青贮技术的主要目的之一，因此苜蓿的刈割时期应控制在现蕾期（50%以上的苜蓿枝条出现花蕾，图 2）至初花期（约有 10% 的苜蓿开花，图 3）。

图 2　现蕾期苜蓿　　　　图 3　初花期苜蓿

（四）留茬高度控制

苜蓿留茬高度控制在 5～8cm（图 4）。留茬过低，容易伤及苜蓿的再生点，影响再生能力；留茬过高，降低产量，造成苜蓿原料浪费，残茬在田间腐烂不但污染环境，而且影响下茬青贮原料，致使苜蓿青贮失败。

图 4　生产上苜蓿刈割高度

（五）刈割机械的选择

苜蓿刈割机械（图 5）应带有压扁功能，收获时，可以破裂苜蓿茎秆，加速植株水分散失。同时，植株破裂后乳酸菌更容易利用植株养分进行繁殖，可加速青贮发酵进程。如果混合原料的含水量较低，可以使用刈割、切碎联合机械进行收获（图 6）。

图 5　苜蓿刈割压扁机械田间作业　　图 6　刈割、切碎联合苜蓿青贮原料收获
　　　　　　　　　　　　　　　　　　　　　　机械作业

（六）苜蓿萎蔫处理

如果混合原料含水量较低，可省略此过程。

现蕾期至初花期青贮，苜蓿含水量一般在 70%～80%，蛋白分解酶较为活跃，青贮过程中蛋白质极易水解，产生的氨态氮抑制青贮饲料 pH 降低，不能有效抑制有害菌的繁殖，青贮极易失败。苜蓿刈割后，在田间进行摊晒，晾晒约 4～6h，原料含水量控制在 60%～70%（图 7）。

图 7　散草机晾晒萎蔫苜蓿原料

（七）集草成陇

如果混合原料的含水量较低，可以省略此过程。

将达到萎蔫要求的苜蓿原料进行集草成陇作业（图 7）。在捡拾机械能够正常作业的前提下，草陇达到最大，以便减少捡拾机械与运输车辆能源消耗。

（八）苜蓿捡拾、切碎

如果混合原料的含水量较低，可以省略此过程。

选择专用的机械设备进行苜蓿捡拾、切碎作业（图 8）。捡拾拨齿离地间隙控制在 15～20mm。切碎长度控制在 2～3cm，过长不易压实，过短则不能有效刺激家畜反刍，影响饲草利用率与家畜健康，且增加机械能源消耗。

图 8　苜蓿捡拾、切碎作业

（九）禾本科混合饲草收获

根据饲草作物的最佳刈割时期确定收获期，全株青贮玉米在籽粒达到 2/3 乳线时刈割，高丹草在抽穗期（如果品种不能抽穗，刈割期为播种后 70d 或株高达到 2.5m）刈割，大麦、燕麦、谷草、小麦等刈割期控制在乳熟至蜡熟期，秸秆类饲草在作物成熟后收获。留茬高度应符合牧草自身的操作标准：如全株玉米与高丹草的留茬高度应大于 15cm；大麦、燕麦、谷草、小麦等留茬高度应大于 10cm。选择专用机械收获，全株青贮玉米的收获机械应具有籽粒破碎功能，高丹草以及秸秆类饲草的收获机械应具有揉搓功能，黑麦草、大麦、燕麦、谷草、小麦等收获机械应具有压扁功能。不需要萎蔫晾晒处理的饲草或秸秆，其收获时间应与苜蓿捡拾切碎保持同步，如全株青贮玉米、高丹草、玉米秸秆、披碱草、谷草等。需要萎蔫晾晒处理的禾本科饲草，其收获、晾晒、集草成陇、捡拾切碎等作业应与苜蓿保持同步，操作步骤和要求与苜蓿相同，如黑麦草、大麦、燕麦、小麦等。

（十）运输

运输车辆分别装载苜蓿和禾本科饲草原料，尽快运至青贮窖。苜蓿原料从装车到倾倒入窖的时间应不超过 4h。

（十一）称重

苜蓿与禾本科饲草原料入窖前，分别称量运输车满载与空车的重量，分别计算原料重量，以便调控混合比例。

（十二）装窖、压实

先将禾本科饲草原料倾倒在青贮窖总长的中间位置，并用铲车或青贮专用机械，将原料摊开压实，使其两端形成与窖底呈 30°夹角的斜面，然后在两侧斜面上分别铺一层厚度约为 8～10cm 苜蓿原料，压实后，再次铺一层（厚度为 10～15cm）禾本科饲草并压实，如此反复装填，直至青贮窖全部装填完成（图 9）。原料倾倒时，运输车应保持缓慢前进的状态，以便控制原料层的厚度均匀。每装填一层，压实一层，压实密度应大于 700kg/m³（图 10）。装填时，与青贮窖壁接触的边角地带应略高于中间，呈"U"字形（图 11），高出青贮窖壁后，青贮窖装填成弧形，青贮窖顶点与青贮窖壁的高度差＝窖宽×窖高×0.02（图 12）。

图 9　两端分段式装填示意图

图 10　青贮压实效果图

图 11　青贮窖压实作业示意图

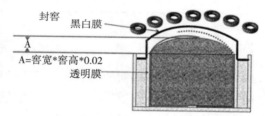

图 12　青贮封窖示意图

（十三）封窖、镇压

青贮采用分段式封窖（图 13）。装填、压实作业从中间向两侧推进，当青贮窖中间装填满足封窖要求时，先用 8 丝透明膜密封，然后外部覆盖 12 丝的黑白青贮膜，并用重物镇压。封窖、镇压作业随着装填同时进行，直至完成青贮制作（图 14）。分段装填与密封的时间控制在 2h 之内，整个青贮窖制作应控制在 5～9d。

五、成本、效益分析

该技术与乳酸菌添加剂青贮（窖贮）技术的成本差异主要体现在收割费用、晾晒费用、捡拾切碎费用、添加剂费用、运输费用等 5 个环节。通过成本效益对比分析（表 5）可知，应用本技术 1 茬苜蓿可节约青贮成本 15～28 元/亩，每年按 4 茬计算，每年可节约青贮成本 60～112 元/亩，即利用本技术调制苜蓿青贮每年可增加 60～112 元/亩的纯收益。

图 13　分段式封窖工作图

图 14　镇压效果图

表 5　不同青贮技术对单茬苜蓿加工成本效益对比分析

单位：元/亩

加工方式	收割费用	晾晒费用	捡拾切碎费用	添加剂费用	运输费用	合计
乳酸菌添加剂青贮（窖贮）技术	25	10	35	15	33	118
苜蓿混合青贮（窖贮）技术	25～50	0～10	0～35	0	33～40	90～103
节约成本	−25～0	0～10	0～35	15	−7～0	15～28

六、注意事项

（1）青贮制作前一周对所有青贮设备进行检查维护，并进行消毒处理。

（2）摊晒、集陇、捡拾等机械拨齿的离地间隙应控制在 15～20mm，间隙过低，容易使原料带入土壤，粗灰分增加；间隙过大，苜蓿丢失严重，机械损失增加。

（3）临时停止装填时，应将装填完成的部分密封、镇压，并用酸制剂对裸露在空气中的斜面进行处理，防止有氧发酵，停止时间应不超 12h。

（4）封窖时，接口处两端薄膜应有 2m 以上的重叠，平行对齐向顺风方向卷起至窖顶，使其保持平整，并用胶带粘牢，防止因青贮窖下沉撕开接口。

（5）镇压物与青贮膜的接触点用柔软物体进行隔离，防止青贮膜受损，延长青贮膜的使用寿命，降低青贮制作成本。

（6）必须经常对青贮窖进行检查维护，以免发生青贮窖漏气或进雨水。

（7）应注重青贮窖边角的排水处理，防止发生雨水灌入现象。

（8）机械作业要严格按照机械安全操作规程操作，防止发生安全事故。

（刘振宇、刘忠宽、谢楠、智健飞、冯伟、秦文利）

苜蓿袋式青贮技术

一、技术概述

寒冷的冬季，北方地区会出现季节性的饲草短缺，干草的制作又受当地天气影响严重，青贮制作相比于干草制作更为灵活。但是，青贮随着不同的制作方法其营养物质的保存有很大的差异。在我国的众多不同规模的牧场中，牧草青贮方式多样，而且缺乏合理有效的管理，青贮的制作过程中存在很多不合理不规范的地方。这就导致了青贮原料的实际利用率低，并最终反映为牲畜生产性能低下。同时，随着人们对畜产品的需求逐渐增大，我国畜牧业面临新的考验。在这样的背景下牧草袋式青贮产生，并随着人们认识水平的不断加深而取得发展。

袋式青贮技术就是将切碎的青贮物料通过袋式青贮灌装机连续、快速、均匀地装入专用的贮存袋内。一般来讲，青贮是将含水量一般为 50%～70%的鲜绿青饲料收割后，直接或者经过切短后装入青贮容器内压实、密封进行贮藏。而袋式青贮牧草含水量一般为 60%，不同的是，专用的贮存袋成了青贮容器。新鲜青饲料在厌氧环境下有利于乳酸菌繁殖生长，借助微生物活动、生物化学变化来控制环境条件以保持青贮饲料的营养物质。袋式青贮存贮灵活适用，制作时间短，可以最大限度保留了原料的新鲜度和乳酸菌的存活量，为有益发酵奠定了良好的基础。该方法可高质量有效存贮多种青饲物料有限的营养物质，从而受到了广大农民和企业的采纳应用，并在生产中逐渐示范推广。该技术不仅可以贮存用玉米、苜蓿、甜高粱等各种类型青贮饲料，同时也可以进行混贮，而且还可以储存大豆，玉米粒等商品粮食，取用方便。

紫花苜蓿有着优良的生产性能、较高的饲用价值和经济效益，是我国种植面积最广的多年生豆科牧草。紫花苜蓿适应性广、产量高、品质优良，含有丰富的粗蛋白、矿物质和氨基酸，成为畜牧业不可或缺的优质饲草。我国苜蓿草产品主要为干草，但是其养分损失大，且加工昂贵。采用苜蓿袋式青贮技术可以解决这些问题，最大限度保持苜蓿本身的营养成分。

二、技术特点

(一) 适用范围

苜蓿袋式青贮适用范围非常广，且制作过程基本不受气候影响，一般适用于可机械化作业的土地。

(二) 优缺点

1. 优点

与加工成苜蓿干草捆相比，苜蓿袋式青贮具有以下优点：

（1）降低加工成本。苜蓿干草采用的烘干技术消耗大量能源，而且使用范围较小，因此使苜蓿草产品的制作成本较高。

（2）营养物质损失小。在严格的制作工艺和管理条件下，青贮损失为零。在实际生产中，苜蓿袋式青贮能最大限度地保存其内的营养成分；苜蓿干草在制作过程中，富含大量营养物质的叶片容易从茎秆脱落，增加了营养损失。

（3）苜蓿袋式青贮不受天气影响。苜蓿干草制作容易受到暴晒和雨淋等因素影响。

2. 不足

（1）初期投入费用昂贵。袋式青贮技术需要特殊的装卸设备，对于首次使用的农户则需要购买或者租用器械设备。青贮袋主要依靠国外进口，且只能一次性使用。

（2）需要更加精细的管理。对需要灌装的苜蓿进行合理有效的管理，青贮袋中的苜蓿容易受到人和动物（啮齿动物、牲畜、虫子）的破坏。因此，要采取措施保护袋子不被刺破。青贮袋会被设备、人、动物、冰雹等各种因素破坏。被刺破的袋子使得空气自由进入，这可能导致严重的青贮苜蓿饲料变质。因此，定期近距离检查青贮袋的孔洞非常重要。一旦有漏洞，应该立即用胶带密封以防止氧气进入青贮饲料。大多数厂商提供特制的、能紧密粘在塑料包裹袋上的、具有耐光性的补丁胶带。生活中经常使用的胶带。一般不具备这种用途，同时也不能够提供长期的密封。

（3）容易造成环境污染。灌装青贮袋使用完毕之后很多用户直接就地焚烧，造成环境污染，而且容易诱发火灾，从而引起不必要的损失。

三、技术流程

该技术主要包括青贮地址选择、苜蓿贮前准备、收割、切碎、晾晒、添加剂、灌装机的调整、后期管理、指标检测以及日常取样。

（一）青贮地址选择

为了方便苜蓿的取用并尽量减少灌装过程中的损失，尽量将灌装袋放置在碎石、沥青或混凝土等地基上。另外，专门设计的铺砌场地可以为将来的青贮提供额外的好处——在两侧添加墙壁可以提完成青贮方式的转变。一个坚固、排水良好的地址对于一整年苜蓿青贮饲料的储存至关重要。避免将其放在有排水问题的地方。南北方向放置，以促进冬天冰雪的融化。饲料浸出液和受污染的液体会影响地表水和地下水，因此要对储存区域的饲料浸出液进行科学合理的管理。

（二）牧草贮前准备

1. 对制作袋式青贮所需要的机械设备进行检修，确保其能够正常作业

袋式青贮技术至少需要引进苜蓿青饲收获机 1 台（图 1）、4 辆青饲拉运车、一台灌装机（图 2）与 80kW 以上轮式拖拉机与中型轮式拖拉机 1 台。

图 1 苜蓿收获机

图 2 青贮灌装机

2. 根据需要选择不同规格的青贮袋

袋式青贮技术在所有草产品加工中每吨存储成本最低。青贮袋中保存的高品质苜蓿将产生更高的牛肉和乳制品利润，并以低的资本投资获取高的回报。这种青贮袋材质来自石油的可回收塑料是由厚度为 $230\sim235\mu m$ 的三层压挤塑料（聚乙烯）制成：两个外层为白色，带有紫外线保护涂层，它可以反射光线和屏蔽热量以保持饲草内容物凉爽；而与苜蓿接触的内层为黑色，黑色内壁可以隔离阳光并保留营养。大多数青贮灌装袋制造商提供有关灌装量的建议。有些在塑料袋上提供拉伸线作为量规，以避免过度填充。通过测量这些线之间的距离可以知道袋子何时装满。一般青贮袋有以下规格（表1）。

表 1　不同规格青贮袋

规格	数　　值										
直径(m)	1.5	1.8	2	2.7	2.7	2.7	3	3	3	3.6	3.6
长(m)	60	60	60	60	75	100	60	75	100	75	100
容量(t)	55/60	90/100	100/110	200/210	250/260	330/340	240/250	300/310	400/410	375/285	500/520

（三）　收获、切碎、晾晒

在苜蓿适宜收割期来收获牧草，以确保进行良好发酵所需的饲料质量，即在单位面积土地上饲草所具有的最大的营养含量时刈割。一般，我们认为，苜蓿的最适刈割时期为现蕾期到初花期。苜蓿饲料的最佳饲料相对价值（RFQ）为170左右，这就要求在理论切割长度（TLC）1cm这一标准下切碎苜蓿，可以允许有 $15\%\sim20\%$ 的苜蓿长度超过 1cm。苜蓿含糖量至少应为鲜重的 $1\%\sim1.5\%$。对于水分含量过高的苜蓿原料，需要进行晾晒萎蔫处理，并尽可能在刈割后 3d 内切碎并储存。如果在水分含量高于 70% 的情况下填装苜蓿，则可能发生草料汁液的渗漏，丁酸发酵，造成发酵品质较差。而且水分含量过高，冬天青贮饲料容易冻结，对饲喂造成不利影响。这种汁液带走了高浓度可溶性营养成分，造成饲料营养价值显著损失。

（四）添加剂的选择

由于含糖量低、缓冲能值高、蛋白含量高等原因，苜蓿难以进行青贮。因此，可以选择不同类型的添加剂来改善苜蓿的发酵品质。苜蓿青贮的发酵在厌氧条件下自然发生，这个阶段一般持续 $14\sim21d$。奶牛采食均匀品质的饲料时，其生产性能表现为最佳，所以避免在青贮饲料发酵期饲喂草料。有效的青贮发酵过程基于多方面的因素，包括在牧草上附着的微生物类型和数量。菌剂的添加可以改善这种发酵过程，但在选择恰当的菌剂之前，首先要确保青贮饲料管理是正确的。乳酸菌分为同型乳酸菌（仅产生乳酸）、异形乳酸菌（生产乳酸和其他产品，如醋酸、乙醇、乙酸等）。同型乳酸菌促进发酵进程，而异形乳酸菌可以增加青贮饲料的保质期。一般来说，使用菌剂可以使苜蓿青贮饲料的发酵率提高75％。同样值得注意的是，使用同型乳酸菌接种剂改善青贮饲料发酵，还会将动物性能提高3％～5％。

（五）灌装机的调整

为了使机器从运输模式进入运行模式，需要进行大量的调整、移动、顶托、起重和转动。正确的调试可以加速制作过程、减少原料的损失、最大限度地保存苜蓿青贮饲料的营养。调整灌装机以形成紧密包装的草料。青贮袋中青贮苜蓿密度越高，开袋后或者被损坏刺破时空气的渗透量越低。

灌装机完美的方向和压缩率需要轴与机器和工具之间没有任何压力。因此，该系统要求均匀平坦且坚硬的，最大坡度为3°的地面。如果需要，必须用拖拉机（在牵引器驱动的情况下）校正填充方向和压缩率。根据经验，青贮过程中地面上的圆柱体（袋式灌装青贮，图3）由于重力作用而变形，其横截面变为"水滴"形状。

图3　袋式灌装青贮

根据苜蓿不同的水分含量调整灌装机的压力。如果水分含量高，则需要降低包装压力，以避免产生糊状，渗出的青贮汁液。如果苜蓿水分含量过高（超70％），则需要停止收获直至牧草含水量下降到适合的范围。如果牧草水分含量过低，则很难将青贮饲料布满整个袋子中。这时需要增加灌装机的压力。制动压力过大会导致过度填充，从而增加机器的磨损和塑料青贮袋的张力。如果施加的压力太小，则袋子将不会被完全填充，进入青贮装中的空气增多。一定程度上讲，这既增加了青贮饲料的塑料成本又增加了青贮二次发酵霉变腐烂的可能性。我们可以通过在较短的切割长度下切碎牧草来排除多余的空气，使气体缝隙最小化。但是，我们需要对切碎长度进行全面考虑，因为减少纤维长度也减少了动物可获得的有效纤维。

（六）后期管理

要将青贮袋放置在牧场周边，方便运输和饲喂。清除青贮袋周围的杂草，在青贮袋周围提供一个没有植被覆盖的区域，以防止啮齿动物接近青贮袋。清理灌装过程中溢出的苜蓿，以避免吸引啮齿类动物接近。定期近距离检查青贮袋非常重要，被刺破的袋子会使空气自由进入，这可能导致饲料严重变质。一旦有漏洞，应该立即用胶带密封以防止氧气进入青贮饲料。

（七）青贮质量检测

跟其他青贮的饲料相同，袋式青贮的苜蓿也需要进行感官评定和实验室指标的测定。感官鉴定就是根据青贮饲料外部表现特征，用眼睛看、鼻子闻和手触摸的方法，可分为颜色、气味、质地鉴定。实验室指标的测定需要采样，并在实验室进行干物质、粗蛋白、可溶性糖、pH、氨态氮、有机酸、酸性洗涤纤维、中性洗涤纤维等方面的测定。

（八）青贮饲料的取用

青贮苜蓿饲料的饲喂取用会影响饲喂期间带来的损失。因此，需要保持足够的取用率。对于短时间内就能饲喂采食完的苜蓿饲料（有氧暴露不超过 3d）可以一次性揭开与空气接触。每次取料之后必须要扎紧青贮袋，也可以在青贮袋的两侧放置重物进行压实。敞开的袋子使得空气进入，损失严重。铲车是大部分农场最常使用的青贮饲料取料工具。用铲斗取青贮苜蓿的优选方法是从顶部刮除，使其落到地上。青贮饲料取样面应当保持平整，避免青贮面移位产生凿孔、裂缝和坑洼。这样会导致空气深入青贮饲料，腐败加剧。

（玉柱、李文麒）

草种生产地域选择技术

一、我国草种子专业化生产的地域性要求

种子生产区域的气候条件直接关系到草种子产量的高低，专业化的草种子生产需要选择适宜的区域，才能够保证种子产量达到较高的水平。多年的实践表明，我国专业化草种子生产区域逐渐向西北地区转移，尤其是以苜蓿种子为主的专业化生产相对集中。西部地区的气候条件适宜开展专业化的种子生产。如新疆准噶尔盆地东南部（东经 85°17′~91°32′，北纬 43°06′~45°38′）及和田地区（东经 79°50′20″~79°56′40″，北纬 36°59′50″~37°14′23″），光照充足，日照时数均在 2 500~3 000h，干燥少雨，无霜期长（均在 150d 左右），适合草种子生产。但是符合种子生产的地域划分还不够具体，在种子生产相对集中的西北地区，也并不是每个省份的所有地方都适合生产，还需要更进一步的科学细化，确定适宜的地域才能更好发挥资源优势提高种子生产效益。例如，在甘肃省河西走廊的酒泉、张掖地区，日照时数充足，年降雨量少（低于400mm），并且有灌溉条件，适宜苜蓿种子生产；而不在这个区域的庆阳等地种子产量就偏低；同样位于河西走廊的瓜州、敦煌，由于风沙大影响苜蓿授粉、灌溉条件不足等原因，就不适合苜蓿种子生产。因此，草种子生产区域还需进一步完善和细化，才能达到种子生产的最大效益化。

适宜的区域进行种子生产，是种子获得高产的前提条件。规模化和专业化种子生产不仅可以实现种子高产，而且还使资源利用更充分、种子质量均匀、减少生产成本和提高收益。通过规模化和专业化种子田的建设和管理，种子产量水平是有很大提升空间的，对于我国草种子专业化生产区域布局和管理技术上明确了具体方向和要求，有利于我国草种业的持续健康发展。

二、草种子生产适宜地域的划分依据

我国地域辽阔，气候类型多样，可以满足不同草类植物的生长需要。但草类植物开花结实和种子发育成熟仍然需要在特定的气候条件下才能够正常完成。无霜期是进行种子生产的重要因素，直接影响到植物生长能否完成生活史。我国大部分地区无霜期均高于100d，低于100d的某些区域主要是北部和西北部一些海拔较高的山脉。如甘肃和青海交界的祁连山脉，部分地区无霜期不足100d。北方大部分地区无霜期在100～180d，可以满足种子生产。不同牧草种子生产对无霜期的要求不同，禾本科要求100d左右，而豆科牧草需要的无霜期相对要长一些。因此，豆科牧草种子生产通常要考虑无霜期的条件满足。

草种子生产要求种子成熟时天气干燥高温，有利于种子的发育成熟和收获。我国北方地区降雨量普遍在600mm以下，有灌溉条件的干旱半干旱地区适宜草种子生产。降雨量较少的西北部，多数地区的降雨量在300mm以下，但是夏秋季的干燥高温为草种子生产提供了条件，在有灌溉条件的地区进行草种子生产是非常有利的。南方地区，尤其是长江以南，降雨量在800mm以上，草种子生产时要充分考虑降雨对种子生产的不利影响。

积温也是影响种子生产的重要因素之一。禾本科草种子生产需要的有效积温（≥10℃）在1 000～2 000℃，北方大部分地区积温在2 000℃以上，能满足禾本科草种子生产的需求。对于豆科草种子生产，积温常成为制约的因素之一。豆科草种子生产需要积温（≥10℃）一般在2 500℃以上，有些种子要求积温达到3 500℃。

年日照时数也是影响草种子生产的因素之一。年日照时数在全国的分布没有严格的规律，西北部最高，通常在3 000h左右；南方云贵高原最低，在1 000～2 000h；北方的日照时数基本上满足了草种子生产的需要。

针对大多数草种子生产所需的气候条件，适宜我国草种子生产区域包括长江以北除西藏外的绝大部分地区。现有的草种子田主要分布在黑龙江齐齐哈尔市、吉林西部、内蒙古东南、冀北、晋北等地，向西经过河西走廊，到新疆的天山北麓地区，还有川西北高原、湖南和湖北的部分地区，大部分区域位于我国农牧交错地带。

三、10 种牧草专业化种子生产地域的划分

（一）紫花苜蓿专业化种子生产区

1. 甘肃河西走廊

河西走廊的气候属大陆性干旱气候，无霜期130～160d。年均降雨量50～

600mm，自东而西年降水量渐少，≥10℃积温为 2 500～3 000℃，日照时数为 3 000～4 000h。祁连山冰雪融水为灌溉的绿洲农业发展提供优越的条件。

2. 河套地区

河套地区位于北纬 37°线以北，属大陆性气候，无霜期 130～150d。大部地区降雨量 150～400mm，东多西少，河套地区灌溉条件便利。≥10℃积温 3 000～3 280℃。昼夜温差大，年日照时数 3 000～3 200h，西多东少。

3. 天山北麓

天山北麓属大陆干旱性气候，无霜期 155d。平原年均降雨量为 150～200mm，≥10℃积温为 3 000～3 500℃，日照时数为 2 598～3 226h。

4. 新疆和田地区紫花苜蓿种子生产带

和田地区是新疆最温暖的地区之一，无霜期 170～201d。少雨干燥，平原区年均降雨量 13～48mm，灌溉便利。平原区≥10℃积温 4 200℃，日照时数 2 470～3 000h。

（二）红豆草专业化种子生产区

1. 新疆天山北麓红豆草种子生产带

天山北麓属大陆干旱性气候，平原年均降雨量为 150～200mm，年日照时数为 2 598～3 226h，无霜期 155d。

2. 内蒙古自治区巴彦淖尔红豆草种子生产带

该生产带包括临河区、五原县、磴口县、杭锦后旗、乌拉特前旗、乌拉特中旗、乌拉特后旗。属中温带大陆性季风气候，光照充足，日照时数 3 110～3 300h，无霜期 144d，最长 163d。≥10℃积温 2 371～3 184℃，年均降雨量 188mm。

3. 甘肃陇中和陇东地区红豆草种子生产带

陇中包括兰州、白银、天水市以及定西地区和临夏州，年均降雨量 350～500mm，无霜期 146d。陇东地区主要包括平凉和庆阳地区。平凉地区年均降雨量在 450～700mm，日照时数 2 144～2 380h，无霜期 156～188d，光照充足，四季分明。庆阳属于温带大陆性季风气候，年均降雨量 480～660mm，日照时数 2 250～2 600h，无霜期 140～180d。

（三）沙打旺专业化种子生产区

1. 东北沙打旺种子生产带

该生产带主要包括辽宁省阜新市阜新蒙古族自治县、彰武县、朝阳市建平县、北票县、沈阳市康平县，无霜期 154d，≥10℃积温为 3 377℃，日照时数 2 827h。

2. 陕北沙打旺种子生产带

该生产带主要有陕西省榆林市榆阳区、安塞县，属于温带干旱半干旱大陆性季风气候，光照充足，气候干燥，无霜期 159～180d，≥10℃积温 2 847～4 148℃，日照时数 2 594～2 914h。年均降雨量 316～551mm，集中在 7、8、9 月。

3. 蒙宁河套地区沙打旺种子生产带

该生产带属温带半干旱区大陆性季风气候，无霜期 140～170d，年均降雨量 300～550mm，≥10℃的积温超过 2 800℃，日照时数超过 2 200h。

（四）白三叶专业化种子生产区

1. 西南白三叶种子生产带

云南省白三叶种子生产带位于昆明市寻甸县、马龙县马鸣乡、文山州广南县、曲靖市沿江乡等地。属于亚热带季风湿润气候区，年均降雨量 800～1 000mm，无霜期 240～265d。贵州省白三叶种子生产带位于毕节市威宁县、织金县，六盘水市水城县，黔南布依族苗族自治州长顺县、惠水县、龙里县等地。属于亚热带湿润季风气候，年均降雨量 739～1 436mm，无霜期 210～327d。四川省白三叶种子生产带属于亚热带湿润季风气候，无霜期 272d。

2. 华中白三叶种子生产带

湖北省白三叶种子生产带包括湖北省襄阳区、武昌区、随州市，恩施土家族苗族自治州建始县等地。属于亚热带季风性湿润气候，年均降水量 800～1 500mm，无霜期 203～300d。湖南省白三叶种子生产带属于亚热带季风湿润气候区，年均降雨量 1 200～1 385mm，无霜期 275d。

3. 西北白三叶种子生产带

主要包括甘肃省天水市清水县和麦积区，属温带大陆性季风气候区，年均降雨量 500～600mm，无霜期 170d。

（五）羊草专业化种子生产区

1. 东北羊草种子生产带

该生产带包括黑龙江省大庆市的红岗区、大同区、肇源县、肇州县，绥化市的安达市、肇东县、兰西县、青冈县、明水县，吉林省的松原市乾安县、长岭县等地。属温带半干旱大陆性季风气候。年均降雨量 400～500mm，无霜期 130～145d，日照时数 2 600～2 900h。

2. 冀蒙羊草种子生产带

该生产带包括内蒙古自治区赤峰市的喀喇沁旗、元宝山区和宁城县，河北承德市的隆化县、丰宁满族自治县，张家口市沽源县等地。属大陆性季风气候，年均降雨量 297～458mm，无霜期 90～150d。

3. 甘肃河西走廊羊草种子生产带

该生产带包括甘肃省肃州区、玉门区、敦煌市、金塔县、高台县、临泽县、民乐县，青海的祁连县等地。年均降雨量 50～600mm，无霜期 130～160d，≥10℃积温 2 500～3 000℃，日照时数 3 000～4 000h。

（六）无芒雀麦专业化种子生产区

1. 东北无芒雀麦种子生产带

该生产带位于黑龙江省齐齐哈尔市的富拉尔基区、昂昂溪区、大庆市的杜尔伯特蒙古族自治县、让胡路区、沙尔图区、龙凤区、肇源县、肇州县、绥化市的安达市、肇东县、兰西县，哈尔滨市的呼兰区；吉林省的松原市乾安县、长岭县、扶余市，长春市的农安县等地。属温带半湿润地区的大陆性季风气候。年均降雨量 450～600mm，无霜期 130～150d，日照时数 2 600～2 900h。

2. 蒙冀无芒雀麦种子生产带

该生产带包括内蒙古赤峰市的喀喇沁旗、元宝山区和宁城县，河北承德市的隆化县、丰宁满族自治县，张家口市沽源县等地。属大陆性季风气候。年均降雨量 297～458mm，无霜期 90～150d，≥10℃积温 2 700～3 100℃，日照时数 2 700～3 200h。

3. 新疆及甘肃河西走廊无芒雀麦种子生产带

该生产带包括新疆的乌苏市和塔城市，青海省海晏县、湟源县、互助土族自治县、乐都区、民和回族土族自治县，甘肃省高台县、临泽县、民乐县、永昌县、榆中县、会宁县等地。年均降雨量 50～442mm，无霜期 130～187d，≥10℃积温 2 000～3 000℃，日照时数 2 600～4 000h。

（七）冰草专业化种子生产区

1. 蒙冀冰草种子生产带

该生产带位于内蒙古自治区锡林郭勒盟阿巴嘎旗、多伦县、苏尼特左旗、太仆寺旗、正蓝旗、正镶白旗、苏尼特右旗和河北省沽源县。年均降雨量为 177～386mm，日照时数为 2 616～3 246h，无霜期 100～135d。适合种植冰草外，还有蓝茎冰草、沙生冰草、杂种冰草和蒙古冰草等种类。

2. 甘肃河西走廊冰草种子生产带

该生产带位于甘肃省西北部祁连山和北山之间，包括甘肃省的武威、张掖、金昌、酒泉和嘉峪关等地。无霜期 139～160d。气候干旱，年均降雨量 50～600mm，但祁连山冰雪融水丰富，灌溉农业发达。日照时数 3 000～4 000h，≥10℃积温 2 500～3 000℃。

（八）鸭茅专业化种子生产区

1. 新疆维吾尔自治区北部鸭茅种子生产带

该生产带位于天山山脉北部和准噶尔盆地西部，包括独山子区、精河县、乌苏市、奎屯、石河子、托里、裕民等地。属于温带大陆性气候，年均降雨量 102～280mm，地表水及地下水资源丰富，可供灌溉。无霜期 150～170d，≥10℃积温 3 000～3 500℃，日照时数 2 600～3 200h。

2. 四川盆地东北部鸭茅种子生产带

该生产带主要包括巴州区、通江县、平昌县、达州市、通川区、开江县、大竹县、渠县等地。属于温带海洋性气候，年均降雨量 1 172～1 474mm，无霜期 285～317d，日照时数 1 052～1 400h。

（九）垂穗披碱草种子专业化种子生产区

1. 蒙冀种子生产带

该生产带包括内蒙古锡林郭勒盟的多伦县、正蓝旗、太卜寺旗、正镶白旗，河北张家口的张北县、康保县、尚义县、沽源县、察北管理区、塞北管理区及承德市的围场满族蒙古族自治县、丰宁满族自治县等地。属半干旱大陆季风气候，无霜期 100～120d，年均降雨量 297～430mm，主要集中在 7、8、9 月。≥10℃积温 2 500～3 000℃，日照时数 2 931h。

2. 甘肃河西走廊种子生产带

该生产带包括酒泉、张掖、武威在内的河西走廊地区，属大陆性干旱气候，年均降雨量 50～200mm，年日照时数 3 000～3 336h，≥10℃积温 2 500～3 000℃。

3. 新疆天山北麓种子生产带

该生产带位于昌吉、玛纳斯、呼图壁、阜康、吉木萨尔、奇台、木垒，地处天山北麓、准噶尔盆地东南部，属大陆干旱性气候。平原年均降雨量 150～200mm，日照时数 2 598～3 226h，无霜期 150～170d，≥10℃积温 3 000～3 500℃。

4. 青海种子生产带

该生产带位于海北藏族自治州、海南藏族自治州，属高原大陆性气候，无霜期 150～170d，年均降雨量 300～500mm，≥10℃积温 2 700～3 100℃，日照时数 2 440～3 140h。在海北藏族自治州三角城的试验表明，垂穗披碱草种子产量为 1 432～1 856kg/hm^2。

5. 川西北高原种子生产带

该生产带包括四川省阿坝藏族羌族自治州、甘孜藏族自治州，东从诺尔盖起，向南经红原、黑水、马尔康、小金、丹巴、康定，南以九江、雅江、理塘、巴塘等高山深谷为界。无霜期 220d 左右，年均降雨量 300～600mm，≥10℃积温 2 000～2 400℃，日照时数 2 200h 左右。

（十）老芒麦专业化种子生产区

1. 蒙冀种子生产带

该生产带包括内蒙古锡林郭勒盟的多伦县、正蓝旗、太卜寺旗、正镶白旗，河北张家口的张北县、康保县、尚义县、沽源县、察北管理区、塞北管理区及承德市的围场满族蒙古族自治县、丰宁满族自治县等地。属半干旱大陆季风气候，年均降雨量 297～430mm，主要集中在 7、8、9 月，无霜期 100～120d，年日照时数 2 931h。

2. 甘肃河西走廊种子生产带

该生产带位于酒泉、张掖、武威地区，属大陆性干旱气候，无霜期 130～160d，气候干燥，年均降雨量 50～200mm，≥10℃积温 2 500～3 000℃，日照时数 3 000～3 336h。

3. 青海种子生产带

该生产带包括海北藏族自治州、海南藏族自治州，属高原大陆性气候，无霜期 150～170d，年均降雨量 300～500mm，≥10℃积温 3 000～3 500℃，日照时数 2 440～3 140h。

4. 川西北高原种子生产带

川西北高原带包括四川省阿坝藏族羌族自治州、甘孜藏族自治州，大致从诺尔盖起，向南经红原、黑水、马尔康、小金、丹巴、康定，南以九江、雅江、理塘、巴塘等高山深谷为界。无霜期 220d 左右，年均降雨量 300～600mm，≥10℃积温 2 000～2 400℃，日照时数 2 200h 左右。

（毛培胜）

草种子破除休眠技术

一、技术概述

草种子是合理利用草原、改良退化草地、建植人工草地所必需的物质基础，其发芽率的高低直接影响草原与草地修复、改良和建植的效果，因此，提高草种子发芽率一直是草业生产中的一项重要任务。种子休眠是指具有生活力的种子在适宜萌发条件下经过一定时间仍不能发芽的现象，这是植物在长期的自然选择过程中，适应逆境和保护物种延续的一种手段，对于种子的收获和贮藏也极为有利，在草种子中十分常见。然而，生产中种子的休眠特性容易导致建植地块出苗不齐、建植率低等问题，也给草种子检验工作增加了工序。因此，在草种子检验、加工及大田播种时，常需要采取一定的措施，破除草种子休眠，提高发芽率和建植成功率。

二、适用范围

该技术适用于常见牧草、草坪草等草种子休眠的破除。

三、技术内容

（一）物理方法

1. 预先加热

部分草种子经高温干燥处理后，种皮会龟裂成疏松多缝的状态，可改善种子的气体交换条件，从而解除由种皮封闭造成的休眠，促进种子萌发。研究表明，草地早熟禾种子经高温干燥处理，可打破休眠，提高种子的发芽率；圭亚那柱花草和紫花苜蓿种子经高温干燥处理后，可降低硬实率，促进种子萌发。在进行草种子标准发芽率测定时，经常采用预先加热的方法来打破种子休眠，提高种子发芽率。一般将种子置于 30～35℃ 的循环气流中，加热处理 7d，然后按规定程序进行发芽。但在休眠未破除情况下，可以延长预先加热的时间。如燕麦、大麦、小黑麦种子一般预热温度为 30～35℃。对有些热带和亚热带的种子，可采用 40～50℃ 的预先加热温度。

2. 预先冷冻

采用适当的低温处理能够改善一些草种子种皮的不透性，促进种子解除休眠，激活种子内部的新陈代谢，从而加速种子的萌发。研究表明，预冷处理可提高冰草属、翦股颖属、雀麦属、黑麦草属、羽扇豆属、苜蓿属、草木樨属、早熟禾属和野豌豆属草种子的发芽率。通常将这些湿润的种子置于5～10℃预冷处理7d，再移置适宜的温度下进行发芽，发芽速度会明显加快，发芽率也会显著提高。在休眠未被破除情况下，可以延长预冷时间或再次冷处理。

3. 变温处理

草种子经过变温处理后，种皮因热胀冷缩作用而产生机械损伤，种皮开裂，促进种子内外的气体交换，使其休眠解除，加速萌发。休眠种子在进行发芽试验前，可进行变温处理，即在1h或更短时间内完成急剧变温。参照草种子检验规程（GBT 2690.4—2017），可将种子投入相当其容积3倍的接近沸腾的水中浸泡24～48h，直至冷却后，立即进行发芽试验，可破除硬实。生产中，常将硬实种子用温水浸泡后捞出，白天置于阳光下暴晒，夜间移至凉处，经2～3d后可达到解除休眠促进萌发的目的。白花草木樨冬播后，种子在土中经受寒冷或霜雪，其种皮特性被改变，与春播相比，在来年春天可获得更高的出苗率。

4. 光照处理

变温发芽时，根据GB/T 2930.4—2017的要求，每24h至少在8h高温时段进行光照，光照强度约750～1 250 lx（冷白荧光灯）。光照处理尤其适用于一些热带牧草，如无芒虎尾草、狗牙根。

5. 预先贮藏

对一些温带禾本科牧草种子，可将种子置于15～25℃，保持空气流通，预贮藏期可持续至1年。

6. 乙烯袋密封

将种子密封在大小适宜的聚乙烯袋中通常可诱导种子发芽，该方法常用于三叶草属草种子发芽试验中。

7. 机械划破

通过切、刺、锉或摩擦等方法划破种皮，可使种皮产生裂纹，空气和水分可沿裂纹进入种子，从而打破因种皮封闭而引起的休眠。如胡枝子可采用擦破种皮后温水浸泡24h的方法破除休眠，扁蓄豆可用砂纸打磨至种皮发毛从而打破休眠。双子叶植物种子划破的适宜部位为子叶顶端或子叶边缘。生产中，种子用量大，可用去除谷子皮壳的碾米机进行处理，处理时以压碾至种皮起毛为宜。

（二）化学方法

1. 无机化学试剂处理

采用有些无机酸、盐、碱等无机化学试剂腐蚀种皮，可改善种皮的通透性，或与种皮及种子内部的抑制物质作用而解除抑制，达到打破种子休眠而促进萌发的作用。不同牧草种子对无机化学试剂浓度和处理时间不同，需要采用多个种子批进行试验后确定。浓硫酸（H_2SO_4）是多变小冠花、大翼豆、紫花大翼豆、大结豆、扁蓄豆等豆科牧草种子硬实处理中常使用的化学试剂，许多研究表明，98％的浓硫酸较低浓度效果为好，但处理时间一般因物种而异。如扁蓄豆种子可采用浓硫酸处理 40min 的方法打破休眠，而歪头菜种子用浓硫酸处理 15～30min 即可破除休眠。另外，浓硫酸处理也可用于某些具有坚硬外部附属物的禾本科牧草种子的休眠处理。结缕草、线叶蒿草和异穗苔草的种子，可用氢氧化钠（NaOH）溶液处理打破休眠。不管是用浓硫酸还是氢氧化钠处理，种子经强酸强碱腐蚀后，应立即用流水充分冲洗至中性，晾干后进行发芽试验或播种。还有多数具有休眠特性的禾本科牧草种子，可采用 0.2％硝酸钾（KNO_3）溶液浸润发芽床的方法来打破种子休眠，提高发芽率。

此外，某些种子，如巴天酸模等，常采用双氧水（H_2O_2）浸泡，可使种皮受到适度损伤，在不伤害种胚的同时增加种皮的通透性，使种子解除休眠。双氧水常用浓度为 25％，处理时间因物种而异，从 5～15min 不等。如果用多种无机化学试剂处理，则处理的顺序、处理时间或处理温度等都会对休眠解除产生影响。如巴哈雀稗种子、俯仰臂形草常采用先浓硫酸后硝酸钾的方法来打破休眠。

2. 有机化学试剂处理

某些有机化合物，如二氯甲烷、丙酮、甲醛、乙醇、对苯二酚、单宁酸、硫脲、秋水仙精、丙氨酸、苹果酸、琥珀酸、谷氨酸、酒石酸等，都有一定的打破种子休眠、促进种子萌发的作用。

3. 植物激素处理

一些草种子可使用外源激素处理，来解除种子休眠，促进种子萌发。赤霉素就是常用的植物激素，其往往能取代某些种子完成生理后熟中对低温的要求和喜光种子对光线的要求，从而促进种子萌发，并提高某些草种子的发芽能力，促进种子提前、整齐萌发。外源赤霉素在燕麦、黑麦、小黑麦等种子发芽试验中常常应用，但赤霉素处理浓度因种子休眠程度而不同。一般使用溶液浓度为 0.05％，休眠浅的种子可用 0.02％，休眠深的可用 0.1％。另外，常用植物激素为细胞分裂素，其可解除因脱落酸抑制而造成的种子休眠。研究表明，在高浓度盐类培养基上进行莴苣发芽试验，细胞分裂素促进种子萌发的效果通常比赤霉素强。另外，乙烯也具有破除休眠的功能，其可刺激初次休眠的紫花苜蓿、独脚金、地三叶种子以及二次休眠种子的萌发。在解除印度落芒草种子休眠方面，细胞分裂素和乙烯同时应用，可增强效果或产生协同作用。

4. 气体处理

采用某些气体处理可解除一些草种子休眠，提高草种子的发芽能力，如要提高氧气（O_2）浓度可使因果皮、种皮透气不良的休眠种子解除休眠。研究表明，紫花苜蓿的休眠种子经浓硫酸处理后，再用水浸泡 30min，并不断向水中通氧气，则可代替低温处理，加速解除休眠，促进种子发芽。另有研究表明，0.5％～5％的二氧化碳（CO_2）对于地三叶种子的萌发具有一定的促进作用。

四、生产应用实例

目前在我国，苜蓿和结缕草是需进行规模化休眠破除技术应用的典型种类，介绍如下：

（一）结缕草种子

我国结缕草种子收获后普遍存在一定的休眠，发芽率相对来说比较低，给生产应用造成极大困扰。韩建国（1996）采用不同浓度的氢氧化钠溶液并设置不同处理时间对当年收获的结缕草种子进行打破休眠处理后，种子发芽率结果如表 1 所示。与对照相比，经氢氧化钠溶液处理后，结缕草种子的发芽率均得到不同程度的提高。特别是经浓度为 30％的氢氧化钠溶液处理后，结缕草种子发芽率提高最为显著，处理 10～15min，种子发芽率达到 97％以上，比对照提高了 35％以上。该项采用氢氧化钠破除结缕草种子休眠的技术被广泛地应用于结缕草种子规模化生产加工中。目前，收获生产的结缕草种子往往都需要经过氢氧化钠溶液集中加工处理环节，以提高种子的发芽率和播种当年的出苗率。

表 1　当年收获的结缕草种子经 NaOH 处理后的发芽率

处理时间	处理浓度（%）						
(min)	0	5	10	20	30	40	50
0	61.75	—	—	—	—	—	—
5	—	85.50	87.25	88.75	95.50	89.25	89.25
10	—	88.75	87.00	92.50	97.50	87.00	88.75
15	—	89.25	89.25	90.00	97.25	91.75	93.75
20	—	91.50	92.25	89.50	96.00	89.25	89.50

注：来自韩建国等，1996。

以青岛胶东地区为例，结缕草种子大规模收获生产中，一般采用5%～10%的氢氧化钠溶液处理20～30min后，以水冲洗至中性，再于干燥通风处进行晾晒处理的方法。近年来，经过多年的探索，青岛海源公司已研制出专门用于结缕草种子打破休眠的氢氧化钠溶液处理的相关机械设备（图1），加快了结缕草种子加工处理的自动化和机械化进程，极大地提高了结缕草种子生产加工效率。图2为结缕草种子生产的一般流程：种子收获→水选→化学处理→干燥→精选→包装。

图1　青岛海源公司采用自发研制的设备进行结缕草种子打破休眠处理

图2　胶东地区结缕草种子生产与加工

（二）苜蓿种子

通常，新收获紫花苜蓿种子硬实率为 10%～30%，最高可达到 90%，但受品种、种子发育成熟期气候条件及管理水平等因素的影响较大。一般当种子硬实率达到或超过 30%，即需要通过人工破除硬实来提高种子批的种子用价。苜蓿种子规范生产企业通常在种子加工生产线中设置了专门的硬实破除设备，如硬实破除机（图3），以降低出厂种子的硬实率，或在硬实破除机之前设置了混种机（图3），混种过程即可有效降低硬实率，免去硬实破除工序。小型种子生产或加工企业也可利用谷子碾米机（图4）替代硬实破除机进行小批量苜蓿种子硬实的破除。

图3　苜蓿种子加工生产线中的混种机（左）和硬实破除机（右）

图4　谷子碾米机破除苜蓿种子硬实

此外，热水浸种因成本低，简便易行，已成为农户常用的破除苜蓿等豆科牧草种子硬实的方法。

五、注意事项

（1）种子发芽试验中，对于采用变温处理打破种子休眠时，应在 1h 或更短时间内完成急剧变温，以确保良好效果。

（2）对于不同草种子采用化学方法破除休眠时，化学试剂的浓度及处理时间应经试验后确定。

（3）采用强酸强碱腐蚀种皮打破种子休眠处理，特别是浓硫酸处理时，应每隔几分钟检查一次种子。完成处理后，应立即用流水充分冲洗至中性并晾干，再进行发芽。

（4）如果用多种化学试剂处理以打破种子休眠，应注意各种化学试剂处理的顺序、处理时间或处理温度。

（5）采用赤霉素溶液破除草种子休眠时，当浓度小于或等于 0.08％时，应采用水配制，当浓度大于 0.08％时，应采用磷酸缓冲液进行配制。

六、引用标准

《草种子检验规程　发芽试验》（GB/T 2930.4—2017）。

（李曼莉、王显国、孙洁峰、毛培胜、孙彦）

应用苜蓿草粉改善母猪繁殖性能

一、技术概述

母猪的生产性能在过去几十年的发展中有很大程度的提高，但是随着瘦肉型猪的普及、定位栏的使用和生产规模的集约化，母猪初情期延长、产仔数低、弱仔和死胎多的现象也不断出现，这是母猪场效益低的主要原因之一。紫花苜蓿产量高、适应性强、营养丰富、蛋白质含量高、氨基酸组成合理；含有优质纤维，可以增加胃肠蠕动，改善肠道健康，减少便秘；含有天然生物活性成分，可以提高机体免疫和抗氧化能力；含有促生长和繁殖因子，可以改善母猪的繁殖性能。该技术是在母猪的后备期日粮中添加5%苜蓿草粉，妊娠期日粮中添加20%苜蓿草粉，哺乳期日粮中添加5%苜蓿草粉，以提高母猪的繁殖性能。

二、技术特点

该技术适用于后备、妊娠、哺乳阶段的母猪。

后备母猪适当的营养水平、正常生长发育、不肥不瘦的种用体况，是保持良好生产性能的保证。在后备母猪日粮中添加5%的苜蓿草粉，可以使后备母猪保持良好的种用体况，同时可以提高其发情率。

妊娠期母猪饲养管理的目标是：保证胚胎的正常生长发育，防止流产，并成功繁殖。在妊娠母猪日粮中添加20%的苜蓿草粉可以大大缓解母猪的便秘现象，改善肠道内环境，提高母仔健康。另外，苜蓿草粉中含有丰富的维生素，维生素E和叶酸可以改善动物的繁殖性能，提高胚胎存活率。苜蓿草粉中含有的天然生物活性成分和促生长、繁殖因子对维持促进胎儿的早期发育也有重要的作用。在妊娠期间，母猪受到限制性饲喂，可以防止体重增加过多。

哺乳期允许自由采食，以最大量满足母猪自身及泌乳的需要。在哺乳母猪日粮中添加5％的苜蓿草粉可以提高哺乳期采食量和乳汁分泌，促进仔猪生长。

三、技术内容

（一）苜蓿草粉在后备母猪中的应用

在后备母猪日粮中，使用适量的苜蓿草粉可以降低料重比，改善饲料报酬，提高发情率；但添加比例过高则会降低日增重，影响发情（表1、表2）。后备母猪日粮中添加5％苜蓿草粉效果较好。

表1　不同苜蓿草粉水平对后备母猪生长性能的影响

组别	不加苜蓿草粉组	5％苜蓿草粉组	10％苜蓿草粉组	15％苜蓿草粉组
平均日采食量（kg）	2.52±0.24	2.44±0.80	2.29±0.39	2.22±0.19
平均日增重（g）	953.10±46.96	945.75±16.49	855.72±19.67	850.12±9.10
料重比	2.64±0.61	2.58±0.60	2.67±0.22	2.62±0.19
增重成本（元/kg）	6.75±0.24	6.70±0.44	7.01±0.39	7.73±0.17

表2　不同苜蓿草粉水平对后备母猪发情率的影响

组别	发情率
不加苜蓿草粉组	78.67±3.24
5％苜蓿草粉组	80.82±1.70
10％苜蓿草粉组	78.16±1.36
15％苜蓿草粉组	77.80±1.85

（二）苜蓿草粉在妊娠母猪中的应用

在妊娠母猪日粮中使用适量苜蓿草粉，可有效提高母猪产仔数、产活仔数、仔猪初生窝重等指标，可提高母猪PSY约1头；母猪初乳品质也得到改善（表3、表4、图1）。苜蓿草粉的添加量为20％时，母猪产活仔数和仔猪初生窝重达到最佳。

表3　不同苜蓿草粉水平对妊娠母猪背膘厚度的影响

组别	不加苜蓿草粉组	10％苜蓿草粉组	15％苜蓿草粉组	20％苜蓿草粉组
妊娠0d背膘（mm）	15.08±0.49	15.00±0.27	14.83±0.33	14.81±0.20
妊娠30d背膘（mm）	16.17±0.64	16.33±0.27	16.08±0.32	16.09±0.63
妊娠60d背膘（mm）	17.25±0.83	17.67±0.27	17.42±0.32	17.25±0.57
妊娠90d背膘（mm）	18.17±0.69	18.42±0.32	18.67±0.47	18.50±0.58
产前背膘（mm）	18.75±0.17	19.17±0.19	19.08±0.32	18.75±0.42
妊娠期背膘增加（mm）	3.66±0.38	4.16±0.19	4.14±0.56	4.10±0.19

表4 不同苜蓿草粉水平对母猪产仔数的影响

组别	不加苜蓿草粉组	10%苜蓿草粉组	15%苜蓿草粉组	20%苜蓿草粉组
初生仔猪总数（头）	11.99±1.06	11.33±1.95	11.25±1.57	12.92±1.85
初生活仔数（头）	11.75±1.13	11.08±1.71	10.75±1.42	12.75±1.87
初生活仔率（%）	97.95±2.52	97.68±4.63	96.08±1.64	97.07±2.61
初生窝重（kg）	15.67±1.28	14.58±2.19	15.32±2.10	16.98±3.10

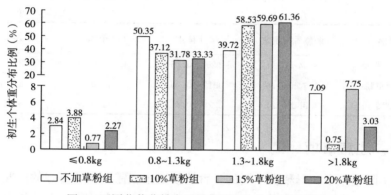

图1 不同苜蓿草粉水平对仔猪初生个体重的影响

（三）苜蓿草粉在哺乳母猪中的应用

在哺乳母猪日粮中，使用适量苜蓿草粉可以提高哺乳期母猪的采食量，改善乳品质，降低母猪哺乳期背膘损失；提高仔猪的断奶个体重和育成率等指标（图2、表5、表6）。哺乳期日粮中添加5%苜蓿草粉时效果较好。

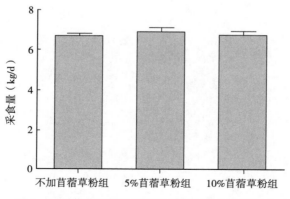

图2 不同苜蓿草粉水平对哺乳母猪采食量的影响

表5　不同苜蓿草粉水平对哺乳母猪背膘厚度的影响

单位：mm

组别	产前背膘	断奶背膘	背膘损失
不加苜蓿草粉组	18.83±0.40	14.67±0.82	4.17±0.75
5%苜蓿草粉组	19.17±0.75	15.67±0.82	3.50±0.55
10%苜蓿草粉组	18.83±0.75	15.17±1.17	3.67±0.82

表6　不同苜蓿草粉水平对仔猪断奶个体重的影响

单位：kg

组别	调整后初生重	7d个体重	14d个体重	断奶个体重
不加苜蓿草粉组	1.34±0.14	2.70±0.15	4.18±0.39	6.33±0.31
5%苜蓿草粉组	1.34±0.16	3.12±0.29	4.74±0.40	6.82±0.49
10%苜蓿草粉组	1.38±0.21	3.29±0.64	4.81±0.78	6.65±0.42

四、注意事项

在实际生产中，母猪在不同的生育阶段要根据需要保持良好的体况，不可过肥或过瘦。在不同生育阶段苜蓿草粉的适宜添加量不同，从后备期、妊娠期、哺乳期连续饲喂苜蓿草粉可能具有加和效应，其机理有待于进一步深入研究。另外，苜蓿草粉应及时使用，合理存放，缩短贮存时间，防止霉菌的污染。

（齐梦凡、王成章、史莹华）

种草养鹅技术

一、技术概况

随着人们生活水平、健康意识的不断提高，绿色食品的市场需求量日益增大。鹅肉具有高蛋白、低脂肪、低胆固醇的特点，且含有人体生长发育所必需的各种氨基酸，其组成接近人体所需氨基酸的比例。同时，脂肪含量较低，品质好，不饱和脂肪酸的含量高达 66.3%，特别是亚麻酸含量高达 4%，均超过其他肉类产品，是理想的营养健康食品，备受广大消费者的喜爱。

鹅是以食草为主的大型水禽，有很强的生活力和适应性，抗病力强，且能充分利用青粗饲料，饲养成本低，且饲养周期短，投资少，经济周转快，综合开发利用价值高。因此，养鹅业是目前养殖业中产品质量高、养殖效益好的产业。按照以养定种、鹅草配套的原则，开展种草养鹅技术的示范推广，对现代鹅产业发展具有重要意义。

种草养鹅技术，包括适宜草品种选择、栽培管理技术、鹅饲草供应方案制定、鹅生态养殖技术等。

二、技术特点

种草养鹅是目前畜牧业中发展速度快、产品质量好、经济效益高的产业之一。种草养鹅是节粮型养殖项目，鹅是以吃草为主的水禽，以 80% 左右的优质青绿饲料加 20% 左右的混合精料就能养出优质的鹅，鹅生产成本中饲料仅占 50%，而其他畜禽品种的饲养成本中饲料约占 70%。适合养鹅的牧草品种较多，如多花黑麦草、杂交狼尾草、冬牧 70 黑麦草、苦荬菜、籽粒苋、白三叶和菊苣等均可作为鹅的四季食用牧草。这些牧草易种植、产量高、品质好、适口性强，且可与林、果、渔生产结合协调发展，可形成良性生态循环。种草养鹅效益好，是短平快致富养殖项目。每只可盈利 8~10 元，种 1 亩优质牧草可养鹅 200~250 只，其经济效益是种粮的 3 倍左右。种草养鹅还具有较好的生态效益。发展种草养鹅，增加绿色植被，有利于保护农业生态环境。另外，鹅抗病力很强，在自然状态下生长发育，不使用药物添加剂，其产品为无公害绿色食品，对促进人类身体健康具有重要的作用。

该技术适用于长江中下游稻麦两熟及冬闲田较多的地区。

三、技术流程

该技术主要包含牧草品种选择、种植模式构建、鹅品种选择、养殖规模和生产周期计划制定、饲草供应方案、优质饲草生产、鹅分阶段饲养等几个技术环节，各环节间相互关系见图1。

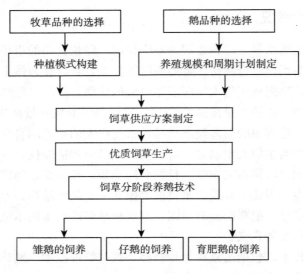

图 1　种草养鹅技术流程

四、技术内容

（一）牧草种植技术

1. 草品种选择与搭配

尽管同禾本科牧草相比，鹅更喜食豆科牧草和多汁的菊科牧草，但在草品种的选择上一定要与养鹅季节及现有土地资源情况结合，同时要尽可能考虑不同牧草种类的搭配，以利于鹅日粮养分平衡（表1）。如果养鹅生产主要集中在上半年，单季养鹅适宜种植多花黑麦草。如全年养鹅可以在种植多花黑麦草的同时安排一定面积种植多年生牧草，如白三叶、红三叶、菊苣、紫花苜蓿等，确保新鲜牧草全年供应。如在冬、春季养鹅可以在早秋播种越年生牧草，如禾本科的冬牧70黑麦、多花黑麦草，豆科的苕子、紫云英、紫花苜蓿等。这些越年生牧草也可以按禾本科牧草占六成、豆科牧草占四成的比例于晚秋混播种植。杂交狼尾草、苦荬菜、籽粒苋、美洲狼尾草等，是夏季高温期养鹅的理想青绿饲草料。在较好管理条件下，亩载鹅量与春季相当或更高。而秋季养鹅除利用多年生牧草外，叶菜类等都是较理想的青绿饲料，各地可因地制宜加以选用。冬季可用蔬菜、草粉和叶粉喂鹅。

表1　养鹅常用牧草及其生产特点

草种名	播种期	播种量（kg/亩）	供草期	鲜草产量（kg/亩）	利用方式
多花黑麦草	秋播9—10月	2.0	10～12月，3～6月	5 000～7 000	割草舍饲或放牧
冬牧70黑麦	秋播9—10月	8.0～10.0	10～12月，2～5月	5 000～7 000	割草舍饲
杂交狼尾草	春播3—5月	0.3～0.5或扦插2 500株/亩	华南3～12月淮河以南5～10月	15 000～20 000	割草舍饲或放牧
美洲狼尾草	春播3—5月	1.0～1.5	6～10月	8 000～10 000	割草舍饲
白三叶	秋播9—10月	1.0	10～12月，2～6月	4 000～5 000	放牧或割草舍饲
苦荬菜	春播3—5月	0.5～0.6	6～9月	4 000～5 000	割草舍饲
菊苣	秋播8—10月	1.0～1.5	3～6月，9～11月	8 000～10 000	割草舍饲

2. 饲草供应方案制定

（1）适时的种养时间。通常11月份就有苗鹅上市，这与黑麦草秋季播种相一致。为了适应种植业结构的调整，养鹅时间的提前以及保证鹅的青饲料经常供应，黑麦草应作水稻的后茬，与水稻轮作，长江中下游地区即在10月下旬收割水稻前7～10d播种。为了与养鹅供草相衔接，当年11月底至12月初可进行第一茬收割利用，以后根据草的生长情况和鹅的需要进行反复收割。黑麦草一般在生长至30～60cm高时收割。从播种至次年5月底可收割4～5次，每茬相隔时间25d左右。夏季宜选用狼尾草、苏丹草等，在前作物收获后随即播种，夏季用的苏丹草、狼尾草等茎秆较多，鹅对其适口性稍差一些，一般应在生长到70～80cm就收割利用。饲养菜鹅的时间可早些，11月份即可购进苗鹅，以充分利用黑麦草，饲养种鹅时间应在清明前选留符合品种要求的种鹅，根据孵坊需要的种蛋时间做到适时开产。

（2）种养比例。种草面积要根据养鹅数量进行计划。为了充分提高载鹅量，减少草的种植面积，养鹅可利用一些周围天然牧草，有桑地的农户可种些蔬菜喂鹅。对于人工种植的牧草，每亩黑麦草可养200只菜鹅，每只菜鹅需要青料30kg左右，由于喂鹅的黑麦草要求新鲜，最好分批饲养，对黑麦草采用分段收割，既做到现割现喂，又保证青饲料的经常供应。如养500只菜鹅可规划种黑麦草2.5亩，其中分二三批饲养，这样大大节省了外出割草和放牧的劳力和时间，可以提高养鹅的规模效益。饲养 1 000 只菜鹅配备种植黑麦草 5 亩即可。

3. 牧草的高产栽培关键技术

牧草的高产必须掌握每个牧草品种的栽培和管理技术，要像种庄稼一样去种草，尤其要掌握好以下几项关键技术和管理要点。

（1）施肥技术。像多花黑麦草、冬牧 70 黑麦、杂交狼尾草、美洲狼尾草等禾本科牧草需肥多、消耗地力强，每亩要施基施有机肥 2 000～3 000kg，氮磷钾复合肥 20kg，每次收割后要每亩追施尿素 6～10kg；针对豆科牧草白三叶则需播种前每亩施用过磷酸钙 20～25kg，在苗期施用尿素 10kg/亩，以后可少施或不施氮肥。而针对叶菜类牧草，如苦荬菜和菊苣则要注重氮肥的施用，每次刈割后要每亩追施尿素 5～10kg，缺磷的土壤要增施过磷酸钙 20～30kg，于翻地前施入。

（2）控制好播种量。根据不同的牧草及不同播种方式相应调整播种量，如撒播的多花黑麦草亩用种量为 2～2.5kg，条播的苏丹草亩用种量为 2.5～3.0kg。播种量不是越大越好，一定要适宜。

（3）杂草和病虫害防治。牧草在苗期生长缓慢，易被杂草侵入，必须在人工除草的基础上，采用化学除杂草的方法进行快速化除。

一些易感病虫的牧草如苏丹草、菊苣和苦荬菜等，如遇病虫危害，应及时刈割利用，避免病虫蔓延，尽量不用药防治，否则易造成农药残留，危害畜禽健康生长。若是留种田，可用防治病虫害的农药如多菌灵等进行防治。

（4）适时按需刈割技术。饲草收获避免过嫩和过老，过嫩不利于高产，过老则牧草的利用率降低。如出现短时性的产草量过大也需及时收割，将多余的草晒成干草，制成草粉备用，以免影响牧草的再生和鲜草的供应。

（二）饲草分阶段养鹅技术

鹅能大量利用牧草和其他青粗饲料，这和它本身的生理构造有关。鹅的盲肠十分发达，其消化道的总长度为体长的 10 倍，能比鸡更好地消化和吸收青粗饲料中的养分。鹅的食量很大，消化吸收很快，往往一边采食，一边排粪，所以生长迅速。在较好的饲养条件下，仔鹅体重每 6～8d 可增重 1 倍。肉用仔鹅在 60 日龄左右即可出售；在以放牧为主的情况下，70～90 日龄时可作为肉用仔鹅上市。

1. 雏鹅

雏鹅体质娇弱，适应外界环境的能力较差。最初一周环境温度不得低于 28℃，以后每周下降 1～2℃。雏鹅开食的饲料可用 2 份切细的青草或菜叶加 1 份碎米（碾碎泡软的稻谷，玉米或煮至 7～8 成熟的米饭均可）混合均匀而后将混合好的饲料撒在浅食盘或塑料布上供雏鹅采食，5～10 日龄可用 20％～

30％的米饭或混合精料加 70％～80％的青草或菜叶、2％～3％的骨粉、0.5％的贝壳粉和 0.3％的食盐；11～20 日龄，精料与青料搭配比调整到 1：4～8；

21～30 日龄调整到 1：9～12。雏鹅消化道短，生长发育快，夜间需加喂"夜食"，一般 15 日龄前每天加喂 2 顿夜食，15 日龄后每天加喂 1 顿夜食，雏鹅1周龄后可选风和日暖的天气开始短途放牧，放牧时间分 2 次，分别安排在上午和下午每次放牧时间开始不宜过长，控制在 0.5～1h，以后随日龄增长而适当延长放牧时间（图2）。

图2　育雏阶段

2. 仔鹅

仔鹅，或称中鹅，是指 4 周龄以上到选为种鹅或转入育肥前的这段时间的鹅。这个阶段仔鹅的特点是消化道容积增大，消化力和对外界环境的适应性及抵抗力增强，也是骨骼、肌肉和羽毛生长最快的阶段，并能大量利用青绿饲料。这时应多喂青绿饲料或进行放牧（图3）。

图3　仔鹅放牧

仔鹅可以全天进行放牧。开始放牧时，每次放牧前要喂七八成饱，随着仔鹅体质和采食青草能力的增强，放牧前逐渐减少喂料，使之逐步适应以放牧为主的饲养方式。

鹅吃食的习惯是先吃一顿草，然后找水喝；喝足水后卧地休息。因此，在炎热的夏季，放牧时除考虑草质、草的数量和清洁的水源外，还要有树阴或其他遮阴物，以便鹅吃饱喝足后有一个良好的休息场所。放牧的鹅群，应按时注射小鹅瘟、禽霍乱等疫苗，防止传染病的发生。

仔鹅生长发育快，食欲旺盛，如牧草资源不足应适当补喂青草或混合精料。混合精料以玉米，豆粕等为主，再适量添加骨粉、食盐和矿物添加剂等。

3. 育肥鹅

在饲喂时，育肥鹅应喂含碳水化合物多的饲料，并限制其活动，减少体内热量消耗，促使增重长肉，争取早日出栏。饲料的配合比例：玉米和大麦 60％、糠麸 30％、豆饼 8％、食盐和沙粒各 1％。另外，还可加青草、碎小米、煮熟的马铃薯和其他饲料混合饲喂。每日喂 4 次，最后一次在晚上 9：00—10：00，并供给足够的饮水（图4、图5）。

| 图 4 仔鹅圈养 | 图 5 成鹅放牧 |

鹅的饲料补饲。在雏鹅育雏期和仔鹅缺乏放牧场地时，要适当补料。根据鹅的生长阶段、用途及对营养物质的要求，全面考虑日粮配合。玉米是育肥鹅、肥肝鹅的优良饲料。豆饼（粕）等是农村养鹅常用的植物性蛋白质饲料。在鹅的日粮中可搭配豆饼 10%～20%，或者其他饼类 5%～10%。舍饲条件下鹅各饲养阶段精饲料与青绿饲料比例：雏鹅为 1∶1，仔鹅 1∶1.5，成年鹅 1∶2。根据鹅的年龄和生长的不同阶段，参照饲养标准，选择当地价格便宜的饲料原料，确定所用原料及配比，做到既能满足鹅的营养需要，又能降低日粮成本。表 2 是鹅的全价日粮配合饲料配方，供参考。

表 2　鹅的全价日粮配合饲料配方

单位：%

成　分	成年及后备仔鹅	1～20d	21～65d
玉米	20.5	10	24.5
小麦	15	46.9	40
大麦（无壳）	25	15	6
燕麦麸	4	—	—
豌豆	3	—	—
糠麸	15	—	—
向日葵饼	3.6	9	15
水鲜酵母	2	7	2
鱼粉	1	7	3
肉骨粉	2	—	2
草粉	5	3	4
脱氟磷酸盐	0.8	—	0.6
贝壳粉	2.6	2	2.7
食盐	0.5	0.1	0.2

五、典型案例及效益分析

以江苏农区稻田套种多花黑麦草养鹅为例：

1. 载鹅量

以多花黑麦草为主饲养肉鹅 70d 左右上市，平均每只鹅食用鲜草 30～40kg，而稻田套种多花黑麦草的鲜草产量一般 5 000～7 000kg，适宜的载鹅量一般为每亩养鹅 150 只。

2. 饲草搭配

稻田套播多花黑麦草养鹅，要搭配种植一定面积的多汁类蔬菜或牧草，如青菜、莴苣、苦荬菜等，以备苗鹅早期食用。一般每 10 亩多花黑麦草至少搭配 0.4 亩左右的多汁类牧草。

3. 分期套养

根据多花黑麦草生长和供草情况，适期购苗。苏南地区稻田套种多花黑麦草 3 月上中旬开始供草，4 月中下旬生长量最大，因此大批苗鹅可在 3 月初购进。为充分利用牧草资源和养鹅设施，便于饲养管理，可进行套养，即 2 月上旬购进第 1 批苗鹅，按每亩 50 只配比。前 30 天在室内保温饲养，此时鹅的食量小，青饲料以叶菜类为主，3 月上旬鹅的毛色发白，已长粗绒毛，并有一定的保温能力，可到室外饲养。此时，鹅的食量增大，正赶上多花黑麦草开始刈割，可以黑麦草为主要青绿饲料。3 月上中旬当第 1 批鹅转到室外饲养时，购进第 2 批苗鹅，按每亩 100 只左右进苗鹅。4 月上中旬黑麦草生长进入旺盛期，供草量增大。此时，第 1 批鹅的食草量达到最大期，第 2 批鹅的食草量也逐步加大，供草高峰同需草高峰吻合。4 月底后，第 2 批鹅食草达到高峰，而第一批鹅已出售。此时，多花黑麦草生长量虽开始减缓，但仍能满足鹅的需要。5 月中下旬，多花黑麦草生长量降低，供草能力下降，第 2 批鹅正好上市。

4. 效益分析

种草规模一般是每户 10～15 亩，养鹅 1 500～3 000 只，平均每亩（含养鹅场地）养鹅 150 只，以割草圈养为主。鹅养至 70 多天上市，成活率达 90% 以上，毛鹅平均重 3.0kg 左右，以活鹅市场价平均 7.6 元/kg 计算，种草养鹅亩产值 3 078 元，扣除饲草料、人工、地租等成本每亩可获净利 928 元。再加上当年稻谷的收入，每亩净利超过 1 500 元。

（丁成龙、顾洪如）

苜蓿草粉在育肥猪中的应用

一、技术概述

猪肉是我国最主要的畜产消费品之一。随着人们生活水平的提高和健康意识的增强，猪肉品质备受消费者关注。如何最大程度提高猪肉品质、营养价值和肉品安全是当今养猪业研究的热点。苜蓿富含蛋白质、维生素、氨基酸、矿物质等营养成分，及皂苷、多糖、黄酮等多种生物活性物质。在饲料中添加一定比例的苜蓿草粉能提高育肥猪日增重等生长性能；提高瘦肉率、改善肉色；增加肌肉中亚油酸、α-亚麻酸和γ-亚麻酸含量，提高猪肉品质和营养价值。该技术是在育肥猪日粮中添加5%～30%的苜蓿草粉，以提高育肥猪生产性能、肉品质和营养价值。

二、技术特点

该技术适用于体重60kg以上的育肥猪。育肥猪日粮中添加5%的苜蓿草粉可以减少增重成本、提高经济效益；添加20%的苜蓿草粉可以改善猪肉颜色和系水力，提高瘦肉率，降低背膘厚度，提高感官肉品质；添加20%的苜蓿草粉可以提高育肥猪肌肉中风味氨基酸和必需氨基酸的含量，显著改善猪肉的香味；添加20%的苜蓿草粉可以提高育肥猪肌肉中亚油酸、α-亚麻酸和γ-亚麻酸含量，降低肌肉中n-6PUFA/n-3PUFA的比例，有利于n-3PUFA在肌肉中的富集，提高猪肉品质和营养价值。

三、技术内容

（一）苜蓿草粉改善育肥猪生产性能和经济效益的应用

育肥猪日粮中添加5%的苜蓿草粉，可以提高日增重（2.24%）、降低料肉比（4.03%）和生产成本（表1）。

（二）苜蓿草粉提高猪肉品质和营养价值的应用

育肥猪日粮中添加苜蓿草粉，可有效改善猪肉颜色和系水力，降低背膘厚度，提高瘦肉率，提高感官肉品质。苜蓿草粉添加量为20%时，瘦肉率较不

表 1　不同苜蓿草粉添加量对育肥猪生长性能的影响

项目	不加苜蓿草粉	5%苜蓿草粉	10%苜蓿草粉	20%苜蓿草粉	30%苜蓿草粉
初始重（kg）	60.12±0.58	60.26±0.51	60.38±0.64	60.47±00.53	60.06±0.49
末重（kg）	100.10±0.54	100.15±0.52	100.24±0.42	100.24±0.59	100.35±0.92
天数（d）	49.10±5.68	47.84±5.26	49.47±4.93	50.80±6.29	51.44±6.46
平均日采食量（kg/d）	2.43±0.23	2.40±0.30	2.41±0.20	2.25±0.42	2.31±0.39
平均日增重（g/d）	821.94±96.16	840.37±89.98	810.93±76.15	800.74±100.52	774.74±77.56
料肉比（F/G）	2.98±0.30	2.86±0.33	2.98±0.20	2.83±0.48	2.98±0.37
增重成本（元/kg）	7.15±0.71	7.05±0.80	7.49±0.52	7.44±1.25	8.14±1.01

添加苜蓿草粉组提高 7.99%（表 2）。

表 2　不同苜蓿草粉添加量对育肥猪肉质性状的影响

项目	不加苜蓿草粉	5%苜蓿草粉	10%苜蓿草粉	20%苜蓿草粉	30%苜蓿草粉
pH_1	6.34±0.13	6.37±0.11	6.37±0.15	6.42±0.08	6.44±0.02
pH_{24}	5.87±0.77	5.62±0.05	5.67±0.09	5.68±0.05	5.69±0.10
滴水损失（%）	2.61±0.39	2.29±0.33	2.25±0.53	2.00±0.40	1.92±0.35
熟肉率（%）	63.38±2.49	64.93±2.69	61.85±1.81	63.54±2.53	62.69±1.47
大理石纹	3.00±0.35	3.10±0.65	3.20±0.44	3.20±0.37	3.20±0.57
肉色	2.9±0.42	3.1±0.42	3.2±0.42	3.3±0.27	3.1±0.45
瘦肉率（%）	61.57±5.58	62.92±1.30	63.17±1.07	66.49±2.69	62.45±0.95
背膘厚（mm）	23.05±3.23	21.50±3.64	22.50±3.09	21.50±3.68	21.83±0.55

　　育肥猪日粮中添加 20% 的苜蓿草粉，能显著提高育肥猪肌肉中天冬氨酸、谷氨酸、丙氨酸、甘氨酸 4 种主要鲜味氨基酸（DAA）的含量，同时能显著提高蛋氨酸、缬氨酸、异亮氨酸、苯丙氨酸、亮氨酸、苏氨酸、赖氨酸 7 种人体必需氨基酸（EAA）含量及总氨基酸（TAA）含量。这说明苜蓿草粉有益于 EAA 和 DAA 在育肥猪肌肉中的积累。其中，20% 的苜蓿草粉添加量可以显著改善猪肉的香味，提高猪肉品质（表 3）。

表3 不同苜蓿草粉添加量对育肥猪肌肉中氨基酸含量（%）的影响

项目	不加苜蓿草粉	5%苜蓿草粉	10%苜蓿草粉	20%苜蓿草粉	30%苜蓿草粉
天冬氨酸 Asp	2.14±0.04	2.16±0.08	2.16±0.10	2.31±0.14	2.27±0.10
谷氨酸 Glu	3.63±0.06	3.65±0.17	3.57±0.20	3.95±0.31	3.84±0.19
甘氨酸 Gly	0.95±0.01	0.94±0.03	0.95±0.04	1.04±0.10	1.03±0.08
丙氨酸 Ala	1.30±0.02	1.31±0.04	1.30±0.06	1.42±0.10	1.41±0.07
色氨酸 Try	0.23±0.00	0.23±0.01	0.22±0.01	0.24±0.02	0.24±0.01
蛋氨酸 Met	0.65±0.01	0.64±0.03	0.63±0.03	0.71±0.06	0.70±0.03
缬氨酸 Val	1.14±0.05	1.12±0.04	1.14±0.05	1.21±0.06	1.20±0.05
异亮氨酸 Ile	1.10±0.02	1.11±0.04	1.11±0.06	1.20±0.07	1.19±0.06
亮氨酸 Leu	1.89±0.04	1.89±0.08	1.89±0.10	2.05±0.13	2.01±0.09
苯丙氨酸 Phe	1.14±0.02	1.15±0.03	1.18±0.05	1.21±0.05	1.19±0.04
赖氨酸 Lys	2.19±0.04	2.20±0.09	2.19±0.11	2.38±0.17	2.32±0.11
苏氨酸 Thr	1.03±0.02	1.03±0.08	1.05±0.05	1.11±0.07	1.08±0.05
组氨酸 His	1.04±0.02	1.05±0.02	1.05±0.09	1.12±0.03	1.13±0.03
精氨酸 Arg	1.59±0.03	1.59±0.07	1.58±0.09	1.74±0.14	1.71±0.09
胱氨酸 Cys	0.18±0.03	0.17±0.03	0.16±0.03	0.13±0.03	0.11±0.01
酪氨酸 Tyr	0.87±0.01	0.88±0.04	0.88±0.05	0.99±0.07	0.97±0.05
丝氨酸 Ser	0.85±0.01	0.86±0.03	0.87±0.05	0.91±0.06	0.89±0.04
脯氨酸 Pro	0.74±0.06	0.76±0.02	0.76±0.04	0.84±0.08	0.85±0.06
必需氨基酸 EAA	9.37±0.18	9.37±0.38	9.40±0.46	10.12±0.63	9.94±0.45
鲜味氨基酸 DAA	8.02±0.11	8.05±0.33	7.98±0.40	8.72±0.64	8.55±0.42
总氨基酸 TAA	22.66±0.32	22.73±0.89	22.68±1.12	24.57±1.60	24.13±1.10
DAA/TAA	35.41±0.10	35.42±0.12	35.17±0.14	35.47±0.35	35.42±0.17
EAA/TAA	41.34±0.27	41.21±0.14	41.43±0.12	41.19±0.25	41.18±0.29

育肥猪日粮中添加20%～30%苜蓿草粉能显著提高育肥猪肌肉中不饱和脂肪酸（UFA）和多不饱和脂肪酸（PUFA）的含量，尤其是多不饱和脂肪酸中亚油酸、α-亚麻酸和γ-亚麻酸的含量；极显著地降低育肥猪肌肉中n-6PUFA/n-3PUFA的比例，有利于n-3PUFA在肌肉中的富集。更好的改善猪肉风味，提高猪肉品质和营养价值（表4）。

表4　不同苜蓿草粉添加量对育肥猪肌肉中脂肪酸含量（％）的影响

项目	不加苜蓿草粉	5％苜蓿草粉	10％苜蓿草粉	20％苜蓿草粉	30％苜蓿草粉
豆蔻酸（C14：0）	1.22±0.15	1.14±0.08	1.12±0.11	1.22±0.13	1.09±0.12
棕榈酸（C16：0）	22.66±1.88	17.57±8.66	21.20±1.41	21.22±1.32	19.88±0.89
硬脂酸（C18：0）	11.60±0.86	11.76±0.18	11.38±0.59	10.55±1.19	9.99±1.06
二十碳一烯酸（C20：1）	0.71±0.07	0.77±0.06	0.75±0.18	0.63±0.12	0.60±0.05
棕榈油酸（C16：1）	4.55±0.85	4.86±0.50	4.70±0.88	4.45±0.75	4.21±0.46
油酸（C18：1n−9）	44.48±1.76	44.14±1.50	42.56±3.91	39.45±2.98	36.12±3.19
亚油酸（C18：2n−6）	8.99±1.74	7.67±1.18	9.20±1.85	14.7±3.01	17.58±2.34
α−亚麻酸（C18：3n−3）	0.58±0.12	0.47±0.10	0.71±0.10	1.44±0.27	1.75±0.32
γ−亚麻酸（C18：3n−6）	1.68±1.34	2.83±0.64	3.17±1.18	2.53±1.03	3.54±1.18
花生四烯酸（C20：4n−6）	0.74±0.32	0.88±0.13	1.24±0.40	0.89±0.2	1.11±0.27
饱和脂肪酸 SFA	35.48±2.80	34.30±1.65	33.70±1.59	32.99±2.49	30.95±1.82
不饱和脂肪酸 UFA	61.74±1.57	61.63±1.04	62.19±1.63	64.08±2.14	64.91±1.04
单不饱和脂肪酸 MUFA	49.75±1.53	49.77±1.43	48.02±3.75	44.53±2.50	40.93±3.10
多不饱和脂肪酸 PUFA	12.00±1.90	11.85±1.38	14.17±3.41	19.55±4.14	23.97±3.21
n−6PUFA	11.41±1.78	11.38±1.29	13.61±3.24	18.11±3.90	22.22±3.00
n−3PUFA	0.58±0.12	0.47±0.10	0.71±0.10	1.44±0.27	1.75±0.32
n−6/n−3	19.79±1.70	24.54±2.86	19.79±4.08	12.53±1.04	12.92±2.27

四、注意事项

在实际生产中，根据不同的生产目的，在育肥猪中苜蓿草粉的适宜添加量不同。以提高育肥猪生长性能和经济效益为目的，建议苜蓿草粉添加量为5％；以生产高品质猪肉为目的，建议苜蓿草粉添加量为20％。另外，苜蓿草粉应及时使用，合理存放，缩短贮存时间，防止霉菌污染。

（朱晓艳、王成章、史莹华）

苜蓿青贮调制与奶牛饲喂技术

一、技术概述

苜蓿青贮是饲喂奶牛的优质牧草产品。该项技术首先论述了苜蓿青贮制作的窖贮、裹包青贮、袋贮三种主要模式，苜蓿青贮原理，苜蓿青贮特点；接着介绍了苜蓿青贮品质评价体系；最后介绍了苜蓿青贮饲料饲喂奶牛技术。

二、适用范围

适合于苜蓿主产区，尤其是降雨较多的地区，如东北、华北、华中、西南制作优质商品苜蓿青贮饲料，也适合于奶牛牧场配套土地种植苜蓿并制作优质苜蓿青贮饲料自用，以形成种养紧密结合、绿色持续发展的奶牛养殖先进模式，提高我国奶业国际竞争力。

三、苜蓿青贮调制技术

(一) 苜蓿青贮制作主要模式

1. 窖贮

首先将苜蓿切碎为1cm，运输到青贮窖中进行压实后密封发酵，一般在发酵45d后即可使用。推荐使用地上式青贮窖，三面为水泥墙，一面开口。降雨量大的地区，可在青贮窖上方加盖雨棚遮挡降雨，防止雨雪进入青贮窖，缺点是增加成本。窖贮时可用推土机或装载机推送物料，用轮式拖拉机压实，不能用链轨式拖拉机压实，物料的高度应略高于青贮窖的高度。压实密度要求达到750kg/m³。密封时，建议采用双层膜封窖的方法，下层为透明塑料膜，物料入窖前，透明塑料膜要覆盖三面水泥墙和窖底，并三面保留一定宽度的搭头，压窖完毕后搭头互相搭接叠压保证把全部物料封闭在透明塑料膜内。然后在透明塑料膜上层铺设青贮黑白膜密封，注意里面为黑膜，外面为白膜。黑白膜的边缘要覆盖三面墙的墙体，防止雨水雪水渗入青贮窖内。最后，在青贮窖的顶层压轮胎，轮胎与轮胎之间用尼龙绳连接起来。

窖贮调制主要步骤：割草机割草—田间萎蔫—机械搂草—机械捡拾切碎并

喷洒青贮添加剂—装车—入窖—压窖—密封。

2. 裹包青贮

首先，将苜蓿切碎为 1cm，再用圆草捆机制作成圆草捆，圆草捆表面裹着一层尼龙丝网，以保持圆柱体形状和物料密度。其次，用裹包机在圆草捆表面缠绕 4～6 层拉伸膜，以形成密闭发酵状态。最后，用夹包机把裹包青贮运输到贮藏地点进行贮藏发酵，一般发酵 45d 后即可使用。

裹包青贮调制主要步骤：割草机割草—田间萎蔫—机械搂草—机械捡拾切碎并喷洒青贮添加剂—裹包—运输—贮藏。

3. 袋贮

先将苜蓿切碎为 1cm，用装料机装入一种特制的塑料长袋内密闭发酵，一般发酵 45d 后即可使用。

袋贮调制主要步骤：割草机割草—田间萎蔫—机械搂草—机械捡拾切碎并喷洒青贮添加剂—装袋。

生产中，选用何种苜蓿青贮调制模式首先要考虑自用还是商品用。第二是要基于牛群规模大小并根据牛群对苜蓿青贮的需要量核算制作成本，选用成本较低的苜蓿青贮制作模式。例如，窖贮适用于大型规模化奶牛场，裹包青贮和袋贮适用于小型养殖户以及合作社等存栏数较低的养殖模式。另外，裹包青贮适用于商品化的生产，便于远距离运输。而窖贮和袋贮一般在牧场内进行，牧场自己制作，自己使用。也有一些窖贮或袋贮设置在牧场周边，由牧草公司建设经营，使用苜蓿青贮时牧草公司销售给牧场。

总体而言，窖贮和袋贮移动性差，较适用于近距离使用，不能远距离运输。裹包青贮比窖贮和袋贮移动性好，能运输更长的距离，商品化程度更高，但生产成本偏高。与苜蓿干草相比，苜蓿窖贮、裹包青贮、袋贮存在含水量高、贮藏稳定性差、运输费用高等不足，不能完全代替苜蓿干草。我国部分区域如华北、东北、华中、西南选择制作苜蓿青贮的主要原因是多雨的气候，在苜蓿生长的夏秋季节，由于降雨频繁，不容易制作优质苜蓿干草。因此，在多雨湿度较大的区域适合进行苜蓿青贮的制作，以确保苜蓿的贮藏与使用。

（二）苜蓿青贮原理

不管采用哪种青贮制作模式，与所有的高水分青贮饲料一样，苜蓿制作青贮饲料遵循以下一般原理。

1. 有氧呼吸阶段

从苜蓿植株被收割直至进入青贮容器前，由于细胞没有死亡，切碎的物料暴露在空气中进行呼吸作用。进入青贮容器乃至密封后，由于物料间仍残存着一些空气，细胞利用这些空气继续进行呼吸作用，青贮容器内氧气减少，细胞逐步死亡，呼吸作用停止，二氧化碳浓度逐渐升高，进入厌氧发酵阶段。

有氧呼吸阶段发生的主要变化是：WSC（水溶性碳水化合物）分解为二氧化碳和水，并放出热量。

2. 厌氧发酵阶段

这个阶段在乳酸菌为主的厌氧发酵微生物的作用下，发生以下主要变化：

一方面，青贮乳酸菌主要分为两类：一类为同型发酵乳酸菌；另一类为异型发酵乳酸菌，可溶性碳水化合物（WSC）在同型发酵乳酸菌的利用下分解为乳酸，并释放出热量。随着乳酸浓度升高，包括乳酸菌在内的绝大部分微生物丧失活力，微生物活动进入停滞稳定状态，因而苜蓿青贮饲料得以长期保存。

另一方面，在发酵开始阶段，微生物活动会导致青贮饲料中真蛋白质分解，主要分解为多肽、小肽、氨基酸以及氨态氮等。如果过多产生氨态氮则表明青贮过程中饲料蛋白质损失较大，既降低青贮发酵品质，又是一种养分的损失。

（三）苜蓿青贮特点

苜蓿鲜草含水量高，WSC 含量低，缓冲能高。一般来说，不易在高水分下直接调制出优质的苜蓿青贮饲料。因此，苜蓿青贮饲料一般选择半干青贮，其含水量比全株玉米青贮饲料（70％左右）的水分含量低，称之为苜蓿半干青贮饲料，或称凋萎青贮、萎蔫青贮，含水量 55％～60％。半干青贮的含水量介于高水分青贮与干草之间。另外，制作苜蓿青贮时，建议使用乳酸菌类、有机酸类、酶制剂等青贮添加剂或者补充 WSC 来提高苜蓿青贮的发酵品质，生产中常用的调制苜蓿青贮的乳酸菌为植物乳杆菌和布氏乳杆菌，酶制剂主要为纤维素酶和木聚糖酶，有机酸类物质主要为丙酸、柠檬酸等。对于 WSC 的研究发现，果糖、葡萄糖等单糖的效果较好，而淀粉的添加效果并不明显，考虑到生产成本，生产中常用糖蜜作为 WSC 添加到苜蓿青贮的调制中。

四、苜蓿青贮品质评价体系

苜蓿青贮品质分为发酵品质和营养品质两部分。发酵品质低下的苜蓿青贮饲料不能饲喂动物，因为其中含有大量的霉菌、酵母、硝酸盐等有毒有害物质。因此，针对苜蓿青贮发酵品质的评价至关重要。在此阶段，需要注意霉菌、梭菌、酵母菌的活动，抑制这些不利青贮发酵品质的菌群可以确保获得较高发酵品质的苜蓿青贮饲料。在确保发酵品质优良的基础上，对苜蓿青贮品质评价应更多关注营养品质，即确保营养物质在青贮发酵过程中最大限度的保存。

（一）发酵品质

评定发酵品质的标准主要有感官评定和基于发酵指标水平高低评定两个标准。发酵指标主要包括 pH、乳酸含量、氨态氮（NH$_3$-N）占总氮的比例、干物质损失率等方面。苜蓿青贮的 pH 一般在 4.2 以上，玉米青贮的 pH 一般在 4.2 以下。生产中最重要的是感官评定，具体参考德国农业协会（DLG）标准（表 1）。感官评定为 1 级和 2 级的可用于泌乳奶牛和其他牛群，3 级可用于除泌乳牛以外的其他牛群，4 级不能饲喂。

表 1 德国农业协会青贮饲料感官评定标准

项目	评分标准	分数
气味	无丁酸味，有芳香果味或明显的面包香味	14
	微弱丁酸味，或较强酸味、芳香味弱	10
	丁酸味重，或有刺鼻的焦煳臭或霉味	4
	很强的丁酸味或氨气味，或几乎无酸味	2
质地	茎叶结构保持良好	4
	茎叶结构保持较差	2
	茎叶结构保持极差或发现有轻度霉菌或轻度污染	1
	茎叶腐烂或污染严重	0
色泽	与原料相似	2
	略有变色，呈淡黄色或带褐色	1
	变色严重，墨绿色或呈黄色	0
总分	10~20 10~15 5~9 0~4	
等级	1 级，优良 2 级，尚好 3 级，中等 4 级，腐败	

（二）营养品质

营养品质主要指苜蓿青贮中含有的各种养分和能量物质。主要有粗蛋白质（CP）、中性洗涤纤维（NDF）、酸性洗涤纤维（ADF）、产奶净能等指标。用于销售的苜蓿青贮饲料可以用 CP 和相对饲用价值（RFV）来评价营养价值和定价。具有相同 CP 和 RFV 的苜蓿青贮饲料与同等级的苜蓿干草应执行相同的价格（表 2）。自用的苜蓿青贮无须分级。要注意 RFV 不用于奶牛日粮配方设计，因此不管是牧场自己制作的还是购买的苜蓿青贮，日粮配方设计中应使用 CP、NDF、ADF、产奶净能等指标。

表 2　苜蓿干草质量分级

单位:%

理化指标	特级	优级	一级	二级	三级
粗蛋白质	≥22.0	≥20，<22.0	≥18.0，<20.0	≥16.0，<18.0	<16.0
中性洗涤纤维	<34.0	≥34.0，<36.0	≥36.0，<40.0	≥40.0，<44.0	>44.0
酸性洗涤纤维	<27.0	≥27.0，<29.0	≥29.0，<32.0	≥32.0，<35.0	>35.0
相对饲用价值 RFV	>185.0	≥170.0，<185.0	≥150.0，<170.0	≥130.0，<150.0	<130.0
杂草含量	<3.0	<3.0	≥3.0，<5.0	≥5.0，<8.0	≥8.0，<12.0
粗灰分	≤12.5				
水分	≤14.0				

注:《苜蓿干草质量分级》是中国畜牧业协会 2018 年 4 月 16 日发布实施的团体标准。

RFV＝DMI(%BW)×DDM(%DM)/1.29，BW 为体重，DM 为干物质。其中，干物质采食量 DMI（%BW）＝120/NDF（%DM），干物质消化率 DDM（%DM）＝88.9－0.779ADF（%DM）。粗蛋白质、中性洗涤纤维、酸性洗涤纤维、粗灰分含量均为干物质基础。

五、苜蓿青贮饲料饲喂奶牛技术

苜蓿青贮饲料是奶牛尤其是泌乳奶牛优质的蛋白质来源，也是优质的纤维来源。优质的苜蓿青贮饲料通常在现蕾期收获，按干物质基础计算，粗蛋白质可达到 22%～25%。1t 优质苜蓿青贮（干物质基础）的生产成本为 1 500 元或更低。1 个百分点（相当于 10kg）粗蛋白质的价格为 60～70 元，与豆粕的价格（1 个百分点 70～80 元）相当或更低。况且苜蓿青贮具有优质的纤维，而豆粕没有。所以用苜蓿青贮代替大部分豆粕作为粗蛋白质来源是经济可行的。我国天津、河北、辽宁、安徽、黑龙江、内蒙古、宁夏等地奶牛牧场利用自有土地种植苜蓿，制作苜蓿青贮饲喂泌乳奶牛均取得良好效果。除代替豆粕外，在精料用量不变的情况下，用苜蓿青贮部分取代玉米青贮对试验前日产奶 30kg 泌乳中期奶牛的生产性能和经济效益也有良好的影响（表 3），建议每头泌乳奶牛日饲喂苜蓿青贮饲料 8kg 以上。

表 3　苜蓿青贮部分取代玉米青贮对泌乳中期奶牛生产性能和经济效益的影响

	苜蓿青贮 0kg 组	苜蓿青贮 4kg 组	苜蓿青贮 8kg 组
日粮组成（%DM）			
苜蓿青贮	0	6.0	12.0
玉米青贮	20.7	14.7	8.7

（续）

	苜蓿青贮 0kg 组	苜蓿青贮 4kg 组	苜蓿青贮 8kg 组
羊草	18.0	18.0	18.0
精料	57.7	57.7	57.7
啤酒糟	3.6	3.6	3.6
日粮养分			
CP（% DM）	17.45	17.73	18.01
NDF（% DM）	40.27	39.56	38.86
ADF（% DM）	20.75	20.77	20.79
NE_L（MJ/kg DM）	7.33	7.23	7.13
生产性能与经济效益			
干物质采食量（kg/d）	20.62a	21.31ab	22.08b
试验期平均产奶量（kg）	26.73a	28.06b	28.84b
乳脂率（%）	4.14a	4.11a	4.09a
乳蛋白率（%）	3.12a	3.23b	3.27b
4%标准乳产量（kg）	27.29a	28.50b	29.20b
乳脂产量（g）	1 107.45a	1 151.89ab	1 177.70b
乳蛋白产量（g）	833.66a	907.01b	943.52c
饲料转化效率（4%标准乳产量/干物质采食量）	1.33	1.34	1.32
日粮成本［元/（头·日）］	58.56	60.31	62.49
牛奶收入［元/（头·日）］	91.68	96.25	98.92
经济效益［元/（头·日）］	33.12	35.94	36.43
纯增效益［元/（头·日）］		2.82	3.31

　　数据来源：李长才. 苜蓿青贮部分替代玉米青贮对泌乳奶牛生产性能的影响［D］. 北京：中国农业大学，2015.

　　牛奶收入按 2015 年农业部定点监测 10 个主产省生鲜乳价格 3.43 元/kg 计算，未按质论价。

　　除泌乳奶牛外，苜蓿青贮饲料（干物质含量 40%～45%）还可以用于育成牛、青年牛。基于生长性能指标，建议苜蓿青贮饲料的用量如下：育成牛每日每头 4～6kg，青年牛每日每头 5～6kg，以确保苜蓿营养可以较大程度提高动物日增重。

　　在奶牛干奶期，一般不建议饲喂苜蓿青贮。主要因为干奶期奶牛日粮不需要很高的粗蛋白质含量。因此，可以改用粗蛋白质含量较低的燕麦干草或燕麦青贮进行饲喂。另外，由于苜蓿青贮的阴阳离子差［CAD：计算公式 $(\%Na^+/0.002\,3+\%\,K^+/0.003\,9)-(\%Cl^-/0.003\,55+\%S^{2-}/0.001\,6)$］为正值，其阳离子含量过高，而奶牛需要阴离子较高的日粮。因此，在围产前期（产犊前 3 周）建议不饲喂苜蓿青贮饲料，可以使用 CAD 为负值的燕麦干草（表 4）。

表 4　苜蓿青贮、燕麦干草 CAD 比较

	Na^+（%DM）	K^+（%DM）	Cl^-（%DM）	S^{2-}（%DM）	CAD
苜蓿青贮	0.03	3.03	0.55	0.30	447.53
燕麦干草	0.54	1.51	2.04	0.11	−15.61

数据来源：NRC 2001 奶牛营养需要；赵华杰 . 2016.

（李志强）

藏绵羊多功能巷道圈建设技术

一、技术概述

巷道圈是畜牧业养殖环节中的一组基础设施，由围圈、巷道入口和巷道组成，主要用于疫病防治，提高免疫质量，减少牲畜流产、伤亡，减轻劳动强度。当前，许多巷道圈的设计和建造缺乏对藏绵羊生物学特性、其本身功能多样化和操作便利性等方面的考虑，大大限制了巷道圈的使用。根据牧区生产实践，我们设计并开发出适宜藏绵羊使用的巷道圈，具备了多功能要求，如防疫、标记、分群、称重、引导上车等，这样可以减轻牧民劳动强度、减少牧民意外损伤并降低藏绵羊应激，进而提高高寒牧区草地藏绵羊产业发展水平。

二、适用范围

该技术适用于青藏高原藏绵羊及草原牧区其他绵羊巷道圈的建设。

三、技术内容

（一）选址与布局

1. 选址

地势开阔、较高、向阳，通牧道、距圈舍近、水源方便，500m内无污染源。

2. 布局

藏绵羊多功能巷道圈结构布局详见图1。

（1）容纳圈。容纳圈外形为一个近似长方形结构，总容量按照羊群规模的1/3，每只藏绵羊0.45m² 设计。容纳圈设多个子容纳圈，子容纳圈大小沿绵羊进入到巷道引导端的方向逐渐缩小，并使容纳圈外侧连接栅栏呈圆滑的曲线形。

（2）分群巷道。巷道为弧形结构，设置在分群圈内部。巷道入口至出口的朝向以上午阳光不直射为宜。巷道净宽60cm，巷道长度3～4m。

（3）免疫驱虫巷道。设置在巷道出口末端，净宽60cm。

（4）上车台。设置在免疫驱虫巷道的末端，通过一段短的引导巷道与免疫驱虫巷道出口端相连。

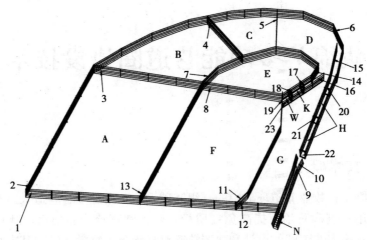

注：A、B、C、D 容纳圈，E、F、G 分群圈兼作容纳圈，K 分群巷道，H 免疫驱虫巷道，N 上车台，W 称重平台，1、2、3、4、5、6、7、8、11、12、13 容纳圈平开门，9、10 引导巷道平开门，14、15、16 分群巷道引导端平开门，17、18 悬挂式推拉门，19、20、21、22 巷道平开门，23 分群门。

图 1　藏绵羊多功能巷道圈结构图

（二）主要部件选材及焊接

1. 容纳圈栅栏

选用圆柱形钢管，超过 3m 长的栅栏中间加一镀锌钢板条，见图 2。

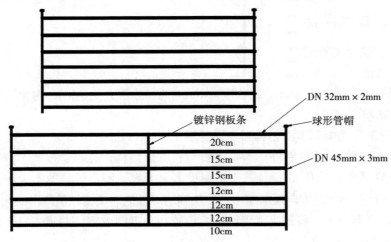

图 2　容纳圈栅栏

2. 容纳圈平开门

与容纳圈栅栏一致，区别在于在从下到上的第六根横杆下侧增加一条防锈锁链，上侧增加一块锁链卡子，见图 3。

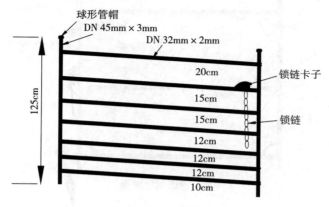

图 3　容纳圈平开门

3. 免疫驱虫巷道栅栏

圆柱形钢管，2mm 厚的镀锌薄钢板，超过 3m 长的栅栏中间加一镀锌钢板条，见图 4。

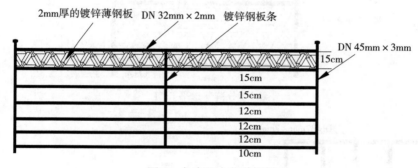

图 4　免疫驱虫巷道栅栏

4. 巷道引导端栅栏

选用圆柱形钢管，2mm 厚的热镀锌薄钢板，栅栏钢板的四角留 1/4 圆形小缺口，见图 5。

5. 分群巷道平开门

选用圆柱形钢管，2mm 厚的热镀锌薄钢板，见图 6。

6. 巷道平开门

选用圆柱形钢管，见图 7。

7. 分群门

选用圆柱形钢管，见图 8。

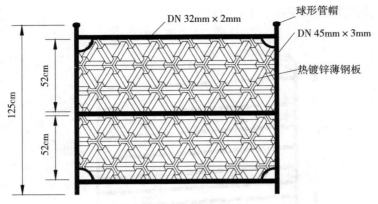

图 5　巷道引导端栅栏

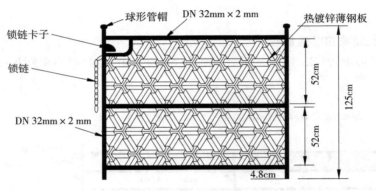

图 6　分群巷道平开门

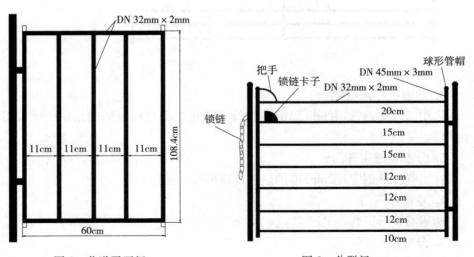

图 7　巷道平开门　　　　　图 8　分群门

8. 连接卡子

选用宽 40mm，厚 10mm 热镀锌钢扁条，用于立柱与各种栅栏的固定连接卡子，立柱与各种门的门连接卡子（图 9）。

固定连接卡子两端，合并圆直径分别小于立柱直径和栅栏竖杆直径，卡子中间钻一个孔，用于安装螺丝。

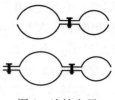

图 9　连接卡子

门连接卡子小端合并圆直径大于门竖杆钢管直径，卡子大端合并圆直径小于柱子直径，同时，在卡子中间及卡子大端各钻一个孔，用于安装螺丝。

9. 悬挂式推拉门

悬挂式推拉门宽与巷道宽匹配，高 123cm。见图 10。

101、102、103、104 选用圆柱形钢管，DN 70mm×3mm，钢管地面部分长 120cm，地下部分长 120cm。

105、106、107、108 选用矩形方管，长、宽、高分别为 72cm、4cm、3cm，壁厚 4mm。

109、110 选用宽、高、厚、凹槽深分别为 40mm、20mm、5mm、15mm 的凹槽道，109 与 110 的净间距 6cm。

111、113 选用外径、内径、宽分别为 52mm、20mm、15mm 的轴承。

114 选用宽、厚分别为 40mm、10mm 的钢扁条。

115 选用圆柱形钢管，DN 32mm×2mm。下端保护横杆距地面净高 8cm、上端保护横杆距地面净高 110cm。

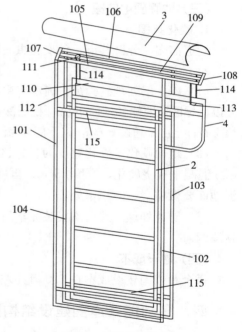

图 10　悬挂式推拉门

滑动门门框横杆、竖杆和把手 4 选用圆柱形钢管，DN 32mm×2mm。槽道 110 与邻近的横杆净间距 6cm，其余相邻横杆净间距 12cm。推拉把手宽 12cm，高 18cm。

保护罩 3 选用 2mm 厚的薄铁皮，半圆管状。

10. 可调宽度巷道

A 固定板、B 活动板、C 三角形挡板，均选用 2mm 的热镀锌薄钢板。各板框架横杆选用 DN 32mm×2mm 圆柱形钢管，立柱选用 DN 45mm×3mm 圆柱形钢管。A 长 4m，宽 48.4cm。B 上边长 4m，下边长 3.4m，宽 70cm。C 竖直角边长 70cm，水平直角边长 60cm。宽度调节器选用厚 1cm、宽 3cm 的镀锌钢扁条，中间钻一螺孔，用直径略小于螺孔的螺丝固定。可调宽度巷道长 4m，高 118.4cm，宽度可在 30~60cm 之间变动（图 11）。

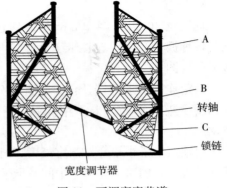

图 11　可调宽度巷道

（三）地面硬化处理

1. 硬化范围

巷道前端、分群巷道、免疫驱虫巷道、称重平台。

2. 地面硬化

（1）冻土层处理。验窝，确定土层深度。挖去冻土层，回填砾石。挖的宽度以目标区域两侧各延伸 40cm。挖的深度，土层超过 1.2m，去土 1.2m，然后回填砾石；土层不超过 0.6m，以下部分为沙石，去土和沙石 0.6m，然后回填砾石。

（2）地面硬化。硬化宽度为目标区域两侧各延伸 15cm。砾石夯实后先用 C25 混凝土现浇硬化，厚度 25cm；再用 425 号水泥进行硬化，厚度 20cm。水泥地面要做防滑、防积水处理。

（3）防锈处理。巷道圈安装完毕后，所有钢管结构裸露部分均刷草绿色防锈漆两遍。

（四）建设成本

每个巷道圈建设成本在 5.0 万元左右，配置移动电子秤增加 0.6 万元。

四、多功能巷道圈建设结构图

多功能巷道圈整体及构件结构见图 1。

（杨平贵、周明亮、周俗、庞倩、蒋世海、陈明华）

藏绵羊肥羔生产技术

一、技术概述

藏绵羊是我国三大粗毛绵羊品种之一。四川藏绵羊分布于甘孜、阿坝、凉山3个自治州，其生产区域高海拔、高寒，冬春季严重缺少牧草。草地型藏绵羊具有体质结实、前胸开阔、骨骼发育好，肉质鲜嫩、遗传稳定、抗病力强、耐粗饲等优良性状，是农牧民赖以生存和生产的生活资料。但藏绵羊品种原始，生产性能低，饲养管理粗放，养殖效益差。藏绵羊肥羔肉是指羔羊（藏绵羊羔羊或其杂交羊）在适宜的时间进行断奶，集中育肥，在1周岁内出栏进行屠宰所得到的羊肉。在1周岁内育肥的羔羊饲料报酬高，生长速度快，生长周期短，羊肉品质好，加快了羊群周转，提高了出栏率，减轻了牧区草场承载压力。藏绵羊羔羊经过3个月育肥，10月龄体重可达48.61kg，胴体重21.63kg，屠宰率44.5%，而且优质肉的比例增加。白萨福克与藏绵羊杂交羔羊经过3个月育肥，10月龄体重61.75kg，胴体重30.28kg，屠宰率49.04%。10月龄育肥杂交羔羊与藏绵羊羔羊相比，胴体重提高39.99%，屠宰率提高4.54个百分点。

二、技术特点

该技术适用于青藏高原藏绵羊及杂交绵羊羔羊育肥，可使藏绵羊当年产羔、当年育肥出栏，缩短饲养周期，提高了羊肉品质，减少冬春存栏，降低冬春草场压力。

三、技术内容

（一）组群配种

藏绵羊在放牧条件下，每年7—9月集中发情配种。在配种前，根据羊的个体大小和体况进行分群，按照1∶30～40的公母比例放入优秀种公羊进行自然交配。有条件的养殖户（牧场）或利用引进的肉羊品种如白萨福克、陶赛特等与藏绵羊杂交，可采用同期发情、人工授精的方式进行配种，便于集中产羔。

（二）妊娠母羊的管理

母羊妊娠前 3 个月，牧区饲草料比较充足，胎儿营养需要也不是很高，此期适当补饲青干草或青贮饲草料，放牧方式与空怀期基本一致。妊娠最后 2 个月，胎儿增加了初生羔羊体重的 75%，加之这段时间牧区进入冷季，饲草料匮乏、气温低，仅靠放牧不能满足母羊机体的营养需求，要适当补饲优质青干草和混合精料。在妊娠前期的饲养条件下，提高 20%～30% 的能量和 40%～60% 的可消化蛋白质，钙磷比提高 1 倍，可补饲 1.0～2.0kg 的青干草，混合精料 0.5～0.8kg，妊娠后期注意妊娠母羊的保胎，出牧、归牧、补饲和饮水等都要慢而稳，放牧距离进行限制，防止拥挤、滑跌和追赶等，羊舍保持温暖、通风与干燥。

（三）接羔与护羔

1. 产羔前准备

母羊正常妊娠期为 150d 左右，根据人工授精配种（或放入公羊）的时间、母羊的外在表现推算、预估产羔时间，将临产的母羊隔离出来，重新组建群体，便于组织和安排母羊的产羔。产前 10d 左右，禁止远距离放牧，在离圈舍比较近的人工种草牧场或优质牧场进行放牧，准备适口的优质青干草和营养全面的配合饲料以及羔羊代乳料等。

2. 接羔

母羊临近分娩时，乳房肿胀，乳头直立，用手挤时有少量黄色初乳，分娩前 2～3d 更为明显，阴户肿胀潮红，有的流出浓稠黏液。肷窝下陷，尤其是临产前 2～3h 更为明显。如母羊出现：行动困难，频繁排尿，性情温驯，起卧不安，时而回顾腹部，经常独处墙角或僻静的地方卧下，四肢伸直努责，放牧时常常掉队或离队，卧地休息有时用蹄撞垫草，表现不安，精神不振，食欲减退，甚至停止反刍，不时咩鸣等，应随时做好接羔准备。

母羊正常分娩时，在羊水破后 10～30min，羔羊即可产出，胎位正常的羔羊，两前肢和头部先出，如后肢先出，应人工接产和助产，以防止胎儿窒息死亡；产双羔时，前后一般间隔 5～30min，个别在 1h 以上。羔羊产出后，及时将口腔和鼻腔内的黏液掏出干净，避免呼吸困难、吞咽羊水而引起窒息或异物性肺炎，羔羊身上的黏液，让母羊自己舔净，对羔羊进行识别，如母羊不舔或天气寒冷时，应迅速将羔体擦干，以免受凉，2h 内，进行称重、鉴定及记录。

3. 羔羊护理

羔羊出生后，应及时吃上初乳。瘦弱羔羊或母羊不认的羔羊采用人工协助哺乳，一定保证羔羊吃到 3d 以上的初乳，对失去母羊的羔羊或母羊奶水不够吃的羔羊，应尽快找到保姆羊或人工哺乳。加强产羔舍的环境卫生、羔羊个体卫生、产后母羊注意保暖、避风、预防感冒和保证休息。在羔羊出生后 5～10d 内，及时进行去角、断尾与去势处理。

（四）育肥羔羊选择

1. 冬羔选择

（1）藏绵羊羔羊。当年 11 月至次年 1 月产的羔羊；不符合品种标准、不适合作后备生产母羊的母羔（淘汰品质杂的个体，逐步提高整个群体的质量）；除符合品种标准并能留作后备种公羊以外的所有公羔；5 月 20 日—6 月 10 日之间断奶（自然断奶），体重达到 18kg 以上。

（2）杂交羔羊（专指肉绵羊品种与藏绵羊杂交所产羔羊）：当年 11 月至次年 1 月产的羔羊；除个体较好可适合作后备生产母羊以外的所有母羔，所有公羔；5 月 20 日—6 月 10 日之间断奶（自然断奶），体重达到 20kg 以上。

2. 春羔选择

（1）藏绵羊羔羊：第二年 2—3 月产的羔羊；不符合品种标准、不适合作后备生产母羊的母羔，除符合品种标准并能留作后备种公羊以外的所有公羔；5 月 20 日—6 月 10 日之间断奶（自然断奶），体重达到 16kg 以上。

（2）杂交羔羊（专指肉绵羊品种与藏绵羊杂交所产羔羊）：第二年 2—3 月产的羔羊；除个体较好可适合作后备生产母羊以外的所有母羔，所有公羔羊；5 月 20 日—6 月 10 日之间断奶（自然断奶），体重达到 18kg 以上。

（五）育肥方式及育肥时间

1. 舍饲育肥

断奶成功后，将羔羊单独集中饲养。将体重和个体大小相近的羔羊分为同组，再以每组 20 只左右羔羊进行小圈分栏（避免个体强壮的羔羊抢食，避免每小圈数量过多而拥挤抢食）。分批次从 5 月 20 日—6 月 10 日之间开始育肥，育肥时间 105d（含隔离观察和预试期 15d，正式育肥 90d，具体时间根据体重而定，出栏时体重达到 40kg 以上。春羔育肥时间可适当延长。

2. 放牧＋补饲育肥（混合育肥）

断奶成功后，将羔羊单独集中饲养。将体重和个体大小相近的羔羊分为不同的组（避免个体强壮的羔羊抢食）。选择优质的草场，白天放牧，晚上收牧，收牧时可将一个组的羔羊临时性的分成几个小栏（避免每小栏数量过多而拥挤抢食），早上放牧前补饲精料。育肥时间 105d（含隔离观察和预试期 15d，90d 正式育肥），具体时间根据体重而定，出栏时体重达到 35kg 以上。春羔育肥时间可适当延长。

（六）羔羊育肥前饲养管理

1. 获得优质羔羊的日粮推荐配置

表 1　羊精、粗饲料推荐饲喂量

单位：kg/（只·d）

母羊阶段	精饲料	青干草	多汁饲料（芜根或青贮饲料）
母羊妊娠（90～150d）	1.0～1.5	1.8～2.0	0.3～1.0
哺乳母羊	1.0～1.8	0.5～2.0	0.8～1.5

2. 羔羊饲养管理

羔羊出生后 30min 内吃上初乳。14～21 日龄跟随母羊，开始训练采食精料和干草。每只羔羊每日日粮供给量：1～2 月龄内，每日补饲精料 0.1～0.15kg，干草 0.2kg；3～4 月龄，每日补饲精料 0.15～0.2kg，干草 0.3～0.5kg，青贮饲料 0.2kg。一般应在 4～5 月龄断奶。

羔羊生后 3d 内，打耳号建档案。出生后 7～10d 在第 3、第 4 尾椎处采取结扎法进行断尾。1～2 周采取结扎或手术法对非种用公羔进行去势。育肥前 1 月完成疫苗注射，育肥前进行内外寄生虫驱虫。

（七）羔羊育肥

1. 日粮组成（参考日粮）

（1）混合精料组成。玉米 55％～75％、麦麸 5％～15％、豆粕（饼）10％～25％、石粉 0.5％～1.5％、食盐 1.0％～1.5％、预混料 0.5％～1％、含硒微量元素和维生素 A、维生素 D3 粉等按说明书添加。

（2）粗饲料组成。以当地优质燕麦或黑麦草等鲜草为主，有条件的地区可以补加苜蓿、干草和青绿多汁饲料等。

（3）精粗比例。第 1 个月混合精料占 40％，粗饲料占 60％，以后精粗比为 1∶1。

（4）日粮供给量。每只每天日粮供给量（以干物质为基础）：5～6 月龄，体重 20～30kg，日给量 1.0～1.3kg；6～7 月龄，体重 30～40kg，日给量 1.3～1.5kg。鲜草按照 3∶1 比例折合成干草。

2. 舍饲育肥

（1）羔羊舍饲育肥分预饲期、育肥期、出栏期 3 个阶段。

（2）预饲期 15d，育肥开始至第 15d 的过渡期。第 1～7d 参考日粮为：玉米粒 25％、干草 64％、糖蜜 5％、饼粕 5％、食盐 1％，日喂量 0.2～0.3kg；第 8～15d 参考日粮为：玉米粒 39％、干草 50％、糖蜜 5％、饼粕 5％、食盐 1％，日喂量 0.2～0.3kg。每日分 2 次饲喂。

（3）育肥期 60～90d。从第 15d 开始适当增加饲料供给量，精饲料日喂量 0.3～0.6kg。每隔 15d 视羔羊日增重调整 1 次饲喂量。

（4）出栏期 7d。这一阶段适当减少精饲料供给量。

（5）全期粗饲料自由采食，自由饮水。

3. 放牧＋补饲（混合育肥）

（1）在青草期，以放牧为主，补饲为辅，保证充足的放牧时间并适量补饲。第 1 期时间在 6 月下旬到 8 月下旬，一般日补精料 0.2～0.4kg；第 2 期在 9 月中旬到 10 月底，一般日补精料 0.2～0.5kg，早上补饲精料。

（2）在枯草期，以补饲为主，放牧为辅，补饲至出栏为止，一般日补精料 0.7～1.0kg，早晚各补 1 次。

4. 育肥目标

（1）混合育肥期 60～90d，日增重 150～180g，出栏活重达到 35kg 以上。

（2）舍饲育肥期 60～90d，日增重 180～200g，出栏活重达到 40kg 以上。

四、效益

经过育肥的藏绵羊羔羊活体重比未育肥羔羊活体重平均增加 9kg 以上，按照市场价格 25 元/kg 计算，可获利 225 元。育肥期每只羔羊消耗配合饲料 40kg，按饲料 2.5 元/kg 计算，饲料成本费为 100 元，每只羊的劳务成本按 25 元计；别的费用与放牧绵羊一致。因此，每只藏绵羊羔羊可获纯利 100 元以上，杂交羔羊由于羊肉品质更优、增重更明显，效益更好。如果按照高端市场和品牌羊肉，产生的经济效益更为明显。此外，由于通过育肥，当年生产的羔羊当年即可出栏，缩短了饲养周期，减少了存栏量，降低了冬春死亡损失，减轻了冬春草场的压力，生态效益也非常明显。

五、注意事项

（1）羔羊早期一定要诱导辅食，达到断奶体重时及时断奶，在育肥前胃肠微生物体系完全形成，能自由采食青干草和育肥饲料。

（2）严格的疫病防控，严格的饲草料品质检测保障，以确保生产的羊肉安全、优质。

（3）羔羊育肥前期一定要有一个饲养过渡期。

（杨平贵、周俗、周明亮、庞倩、蒋世海、陈明华）

肉牛肉羊生产中主要
效率指标的测算

一、技术概述

草牧业是以放牧草地、饲草和草食牲畜为主要生产资料，提供产品与服务的产业，在促进我国粮—经—饲三元种植结构协调发展中具有重要地位。加快发展草牧产业是推动农业转方式、调结构、构建绿色发展、增加农牧民收入的有效途径。对草畜系统整体生产效率进行监测，可以为提高草畜生产水平、促进种养结合发展服务，并为草牧业未来发展决策提供依据。加快草牧业发展推进，需要全面评价草畜系统的生产效率。其中，土地产出率和草肉比是草畜系统生产效率评价的重要指标。一般的土地产出率是指归一化处理之后的单位土地上的平均年产值，是反映土地利用效率的一个重要指标。草牧业生产地区其土地产出率指每单位面积草地生产的牧草饲养的草食牲畜的相关产品所产生的价值。草肉比是指年饲草总消耗量与草食牲畜年产肉量的比值。土地产出率和草肉比指标的提出，可以对草牧业发展建设过程中各项工作的评估和发展提供支撑。

二、技术特点

草牧业的土地产出率基于一般土地产出率的框架，结合每亩草地饲养牲畜产值、饲草单产、单位家畜饲草消耗量等数据计算形成，可反映草畜生态系统效率，适用于草牧业生产监测评价。

草肉比基于投入产出比原理，投入产出比指投入资金与其所创造价值之间的关系，草肉比是指饲草总消耗量与总产肉量之间的关系，产肉量以牲畜胴体重表示，指牲畜屠宰后，除去头、尾、四肢、内脏等剩余部分的重量。其反映了饲草总体转化效率，适用于草牧业投入产出的测算。

三、技术流程

投入产出比是草畜系统生产效率的理论基础，我们开展草畜系统生产效率的评价测算，需要了解农户的投入、产出、成本、收入的具体情况，特别是草牧业地区的投入产出数据，是测算草畜生态系统生产效率评价指标的基础。结合以往草牧业政策项目监测方案的研究利用上述数据进行指标核算。

草牧业地区土地产出率和草肉比核算包含农户生产利用数据、农户牲畜生产数据、农户饲料利用量数据等，任何一项数据的变化都会对指标测算产生影响，从而影响最终草畜系统生产效率。

（一）获取基础数据

草牧业地区土地产出率和草肉比所需要数据较多，且涉及牧户和地区具体的种植养殖情况，需按照表1所列内容进行统计和收集基础数据。

表 1　草牧业土地产出率和草肉比基础数据统计表

	指标种类		内容
饲草生产利用	人工种草面积（亩）		
	天然饲草面积（亩）		
	放牧利用饲草量（干草，t/年）		
	饲喂鲜草、青贮饲草、干草量（折合标准干草，t）		
牲畜生产	牛	平均体重（kg）	
		平均胴体重（kg）	
		出栏数量（万头、万只）	
		平均出栏价格（元/kg）	
	羊	平均体重（kg）	
		平均胴体重（kg）	
		出栏数量（万头、万只）	
		平均出栏价格（元/kg）	
	其他	平均体重（kg）	
		平均胴体重（kg）	
		出栏数量（万头、万只）	
		平均出栏价格（元/kg）	
饲料消耗	饲养牲畜每年所使用秸秆数量（t）		
	饲养牲畜每年购买精饲料数量（t）		

（二）土地产出率和草肉比测算

根据表1中所收集到的项目主体基础数据信息进行加工测算，即可得出不同地区、不同主体的土地产出率指标和草肉比。需要注意的是表1中放牧利用饲草量指牲畜放牧所消耗的饲草数量，饲养家畜每年所使用秸秆数量包括自产秸秆和购买秸秆的总量。经过自然或人工干燥，调制而成能够长期贮存的青绿饲料，标准干草含水量为 14%。

四、技术内容

草牧业生产地区的土地产出率和草肉比测算方法如表 2 所示。

表 2　草牧业土地产出率和草肉比计算方法

指标	计算方法
1. 饲喂鲜草、青贮饲草、干草量（干草，t/年）	表 1 饲草生产利用统计
2. 放牧利用饲草量（干草，t/年）	表 1 饲草生产利用统计
3. 饲草总消耗量（干草，t/年）	本表①＋②
4. 精饲料与秸秆消耗量（干重，t/年）	表 1 饲料消耗汇总
5. 饲草在全部饲料中占比	本表③÷（③＋④）
6. 锡林浩特饲草总面积（亩）	表 1 种草面积汇总
7. 年合计出栏收入（元/年）	表 1 牲畜生产汇总
8. 土地产出率（元/亩）	本表⑦×⑤÷⑥
9. 年产肉量（t）	表 1 牲畜生产汇总
10. 草肉比	本表③÷⑨

具体测算过程如下：

（1）利用表 1 统计获得的基础数据进行汇总得到指标①饲喂鲜草、青贮饲草、干草量和指标②放牧利用饲草量，利用公式（1）计算出指标③饲草总消耗量。公式（1）如下：

饲草总消耗量＝饲喂鲜草、青贮饲草、干草量＋放牧利用饲草量 （1）

（2）利用表 1 饲料消耗数据汇总合计得到指标④精饲料与秸秆消耗量，利用公式（2）得到指标⑤饲草在全部饲料中占比。公式（2）如下：

$$饲草在全部饲料中占比＝\frac{饲草总消耗量}{饲草总消耗量＋精饲料与秸秆消耗量}$$

（2）

（3）对表 1 锡林浩特人工种草面积与天然饲草面积汇总得到指标⑥

（4）利用表 1 汇总牲畜生产数据计算得到指标⑦年合计出栏收入，利用公式（3）计算得到指标⑧土地产出率。公式（3）如下：

$$土地产出率＝年合计出栏收入×\frac{饲草在全部饲料中占比}{锡林浩特市饲草总面积}$$

（3）

最后利用表 2 计算指标⑨年产肉量，并用公式（4）计算得出草肉比指标，公式（4）如下：

$$草肉比＝饲草总消耗量÷年产肉量 \qquad (4)$$

五、测算实例

锡林浩特市位于内蒙古中部，是锡林郭勒盟所在地，是全盟政治、经济、文化、教育和交通中心。国民经济持续稳定增长，产业结构调整步伐不断加快。随着养殖结构的不断调整，畜牧业生产平稳发展。同时，锡林浩特市积极采取行动促进畜牧业健康稳定发展。2016 年，锡林浩特市草牧业总产值为17.88 亿元，占锡林浩特市地区生产总值的 7.84％，草牧业增加值为 12.57 亿元，占锡林浩特市地区生产总值的 5.51％。草牧业在锡林浩特市的经济发展中占有重要地位，本节以 2016 年锡林浩特市草牧业生产相关数据为基础，对锡林浩特市草牧业土地产出率和草肉比进行测算。

（一）锡林浩特市草牧业基础数据获取

通过对 2016 年锡林浩特市草牧业进行调研，根据《2017 年全国农产品成本收益汇编》和《2017 年锡林浩特市统计年鉴》资料，得到土地产出率和草肉比核算所需的基础数据，如表 3 所示。

表 3　2016 年锡林浩特市土地产出率和草肉比指标基础数据

指标种类			数据
饲草生产利用		人工种草面积（亩）	109 826
		天然饲草面积（亩）	5 180 000
		放牧利用饲草量（干草，t/年）	641 670
		饲喂鲜草、青贮饲草、干草量（折合标准干草，t）	106 837.5
牲畜生产	牛	平均体重（kg）	206
		平均胴体重（kg）	103
		出栏数量（万头）	3.53
		平均出栏价格（元/kg）	26.4
	羊	平均体重（kg）	26
		平均胴体重（kg）	13
		出栏数量（万只）	93.52
		平均出栏价格（元/kg）	13.5
	马	平均体重（kg）	200
		平均胴体重（kg）	100
		出栏数量（万匹）	0.84
		平均出栏价格（元/kg）	15.22
饲料消耗		饲养牲畜每年所使用秸秆数量（t）	26 921.7
		饲养牲畜每年购买精饲料数量（t）	

（二）锡林浩特市土地产出率和草肉比测算

根据表 3 所得到的基础数据，得到指标①饲喂鲜草、青贮饲草、干草量为 106 837.5t，指标②放牧利用饲草量为 641 670t，指标④精饲料与秸秆消耗量为 26 921.7t，指标⑥锡林浩特市饲草面积为 5 289 826 亩，指标⑦年合计出栏收入（元/年）为 54 322.33 万元/年，指标⑨年产肉量为 16 633.5t。

根据公式（1）、（2）、（3）、（4）计算得出其余指标。其中，指标③饲草总消耗量等于 748 507.5t/年，指标 55 饲草在全部饲料中占比为 96.5％，草牧业土地产出率为 98.4 元/亩，草肉比为 45∶1，计算结果见表 4。

表 4　锡林浩特市草牧业土地产出率和草肉比核算结果

指　　标	计算结果
1. 饲喂鲜草、青贮饲草、干草量（干草，t/年）	106 837.5
2. 放牧利用饲草量（干草，t/年）	641 670
3. 饲草总消耗量（干草，t/年）	748 507.5
4. 精饲料与秸秆消耗量（干重，t/年）	26 921.7
5. 饲草在全部饲料中占比（％）	96.5
6. 锡林浩特市饲草面积（亩）	5 289 826
7. 年合计出栏收入（元/年）	543 223 300
8. 土地产出率（元/亩）	98.4
9. 年产肉量（t）	16 633.5
10. 草肉比	45∶1

（董永平、田欣、钱贵霞）